AF463776

Paulin VIAL

Causerie

ET

Réflexions

Sur l'ÉLECTRICITÉ

EN 1895

DES PRESSES
DE AUGUSTE MOLLARET
A VOIRON, EN DAUPHINÉ

M. DCCC. XCVI.

CAUSERIE ET RÉFLEXIONS

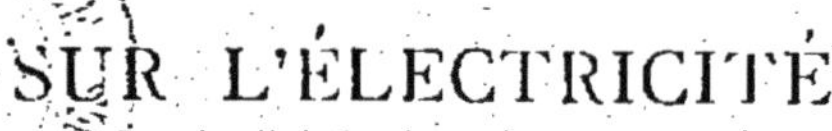

SUR L'ÉLECTRICITÉ

en 1895

CAUSERIE ET RÉFLEXIONS

Sur l'Électricité

EN 1895

Par P. V.

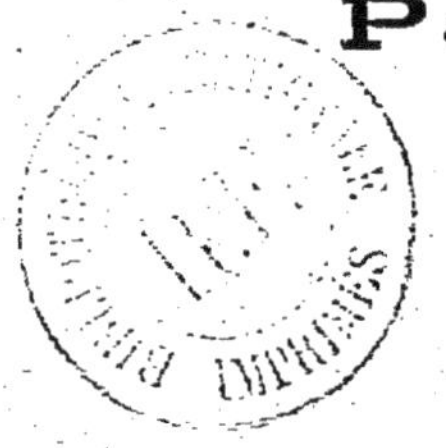

> « ... Dans les sciences d'observation, il s'agit d'abord de constater les faits, on les explique quand on peut... »
>
> (BOURDON, « Bulletin de la Société de Géographie » 1er décembre 1895).

VOIRON

AUGUSTE MOLLARET, IMPRIMEUR-ÉDITEUR

Rue des Bains

1896

Causerie et Réflexions

SUR L'ÉLECTRICITÉ

INTRODUCTION

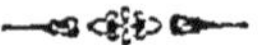

« ... Homme du monde......... Il s'intéresse au monde entier,....., il veut savoir, comprendre, apprécier tout ce qui se passe à la surface de notre sphéroïde. » (Baudelaire »

Il faut être de son temps.

L'électricité est la grande actualité. Les ignorants eux-mêmes doivent la connaître peu ou prou ; tout comme ils connaissent la politique, la vapeur, la sociologie et la cuisine. Car elle a conquis son droit de cité parmi nous.

C'est un agent peu connu encore, même par les savants. Sa puissance est infinie. Elle existe partout, dans tous les corps et dans l'espace lui-même.

Elle peut, dans ses manifestations, transporter ou produire alternativement la chaleur, la lumière, la force mécanique ou une action chimique avec une rapidité foudroyante.

Elle nous aide à utiliser toutes les formes de l'énergie existant dans le monde.

C'est elle qui unit et amalgame les corps les uns avec les autres, qui les désunit ou les sépare, avec ou sans violence.

On peut prévoir que dans peu d'années, elle nous permettra de nous éclairer partout sans risques d'incendie, ou d'explosion ; de nous chauffer, de travailler au sein de nos familles en y transportant en petites quantités la force nécessaire à la marche de nos outils; de circuler sur nos routes, même à travers nos champs, sur les flancs des montagnes, sur les rivières, peut-être dans les airs et sous les eaux, sans dangers ni fatigues.

Avec son aide, une ouvrière diligente apprêtera en quelques minutes le repas de son mari et de ses enfants, puis elle reportera la chaleur redevenant force motrice sur sa machine à coudre.

Nos savants chimistes et nos habiles industriels useront de son puissant auxiliaire pour dégager du sein de la nature des métaux encore ignorés qui, par leurs qualités, par leur cohésion, par leur élasticité et leur légèreté, nous permettront de réaliser dans la vie pratique des perfectionnements que l'état de nos connaissances actuelles nous permet à peine d'entrevoir.

Ce que nous cherchons aujourd'hui, c'est à la connaître dans ses lois générales afin d'arriver à la diriger, à la conduire, à la domestiquer en un mot. Il faut la réduire au rôle d'un serviteur docile et exact que nous puissions employer à la satisfaction de tous nos besoins, à l'exécution de toutes nos volontés.

Ces merveilleux effets de l'électricité qui nous étonnent ou nous effraient seront acceptés plus tard par nos descendants comme de simples phénomènes tout naturels.

Ne nous sommes-nous point accoutumés à voir sans émotion des émanations tout aussi extraordinaires des puissances physiques existant autour de nous !

Quelle merveille terrifiante dut être aux yeux des hommes primitifs la rapide propagation du feu transmis par une étincelle !

En y réfléchissant, comprend-on comment, au milieu de l'hiver, lorsqu'un vagabond transi de froid jette une allumette enflammée sur du bois et de la paille qui sont à plusieurs degrés au dessous de zéro, un incendie se déclare ; et de ces matériaux qui ne dégageaient auparavant qu'un froid intense, rayonne rapidement une chaleur capable de fondre les métaux !

Et les explosifs ! ne voit-on pas une pincée d'une poudre inoffensive transformée instantanément en un gaz puissant qui pulvérise tous les obstacles !

La chaleur est comme l'électricité, une des formes de l'énergie, cette puissance si peu définie qui régit le monde matériel.

Dans un exposé rapide nous dirons succinctement ce que l'électricité nous paraît être actuellement, les services qu'elle nous rend et ceux que nous pouvons lui demander.

L'importance du sujet exigerait bien des développements et des connaissances universelles que je n'ai pas. L'électricité touche à toutes les sciences, surtout à toutes les branches de la chimie et de la mécanique. Elle est comme la politique qui oblige ses adeptes à parler en même temps de la tactique militaire, de l'industrie, de l'économie politique, de la sociologie et de la théologie comparée lorsqu'ils sont à la tribune. — Les plus sages sont ceux qui se bornent à effleurer les grandes lignes de ces questions ardues.

Je tâcherai de faire comme ces derniers avec la certitude que mon travail peut être utile, à moi d'abord, ensuite à ceux qui comme moi tiennent à connaître quelque peu un agent qui exerce une influence exceptionnelle sur le développement matériel de la civilisation moderne ; à ceux qui veulent être au courant de tant de découvertes imprévues qui sont intimement liées aux progrès de l'humanité.

Le champ de la science est vaste et fertile. Les savants y font d'abondantes moissons; les plus humbles peuvent y glaner utilement, suffisamment pour satisfaire à leurs goûts et à leurs besoins.

L'intervention inattendue de l'électricite dans nos industries et dans notre existence intime nous semble être la clef de voûte de cet harmonieux édifice de la science moderne, auquel nous devrons peut-être la sécurité, le bien-être et le bonheur des générations futures, si tant est que le bonheur, même relatif, puisse exister sur la terre ?

Le doute est bien permis sur la matière; nous nous remuons, nous faisons des progrès incontestables, et les hommes gémissent encore comme aux premiers âges du monde.

Quels que soient leurs résultats, ces progrès scientifiques seront, croyons-nous, la meilleure part de l'héritage matériel que nous laisserons après nous. Car en philosophie et en religion, le dernier mot et le meilleur a été dit il y a bien longtemps.

Dans l'emploi de l'électricité, on distingue trois organismes différents : 1° les sources de la force électrique ; 2° ses conducteurs ; 3° ses récepteurs ou transformateurs.

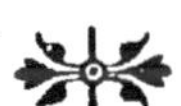

CHAPITRE PREMIER

Sources de l'Électricité

> La réalité et le rêve cheminent bien près l'un de l'autre, on les confond souvent....
>
> A. J.

« La plupart des phénomènes naturels sont accompagnés d'une production d'électricité ». (Colson, p. 48).

C'est-à dire qu'elle existe partout et se manifeste facilement.

Cette force encore peu définie à laquelle on donne le nom d'électricité et qui semble ne faire qu'un avec le magnétisme, tant les deux agents ont d'analogies l'un avec l'autre, a été connue ou plutôt pressentie par les hommes dès la plus haute antiquité.

Les adorateurs de Jupiter invoquaient la foudre qui brûlait sous leurs yeux les victimes offertes en sacrifices. Les Chinois, il y a plusieurs siècles, essayaient de préserver leurs édifices contre le feu du ciel au moyen d'armatures extérieures en fer; et ils employaient l'aimant, oxyde de fer existant dans la nature, pour établir des boussoles qui indiquaient la direction du pôle à leurs jonques.

Il y a trente ans, un savant voyageur en Chine, Maréchal de Lunéville, écrivait :

« César savait que les pointes des lances de ses « soldats se couvraient des aigrettes de la foudre.... « Quand les édifices les plus somptueux de la Chine « qui tous, sont consacrés par la religion, ont été « surchargés de fer, ils n'ont pu l'être qu'avec pré- « méditation et par suite d'une expérience scienti- « tifique........... Ces observations semblent « confirmer l'usage des appareils chinois sur les « tours. Il est incontestable aujourd'hui que la con- « naissance de l'attraction de l'électricité par le fer « était connue dans l'antiquité.

« Xerxès faisait planter une épée nue au milieu « du camp pour détourner la foudre de son armée.

« Pline, dans le deuxième livre de son histoire, dit « que les Romains connaissaient le moyen de sou- « tirer l'électricité des nuages.

« Porsenna, Numa, Tullus Hostilius, Lucius « Pison plus tard, connaissaient le moyen de « conjurer la foudre.

« Le Père Imperati, au dix-septième siècle, écrit « qu'au château de Duino, c'était une pratique très « ancienne dans les temps d'orage, de sonder l'élec- « tricité.

« La sentinelle approchait le fer d'une pique d'une « barre de fer élevée d'une manière immobile sur « un mur et, dès qu'à cette approche, il apercevait « une étincelle, il donnait l'alarme et avertissait les « gens de la campagne de se retirer ». (Illustration, 1857, p. 351, 352).

La science antique, connue d'un trop petit nombre d'initiés, disparut avec la civilisation lorsque l'empire romain succomba pendant les invasions des barbares. Espérons que la science moderne ne sera pas exposée à de semblables épreuves !

Dans les temps anciens, on savait que par des frottements sur l'ambre, sur du verre ou sur un plateau de résine, on donnait à ces corps la propriété d'attirer les corps légers.

Plus tard, la machine électrique de nos laboratoires fut une application régulière de ces expériences primitives. L'électricité produite se manifestait par des étincelles, par des attractions ou des répulsions exercées sur des objets légers et par des commotions plus ou moins fortes.

Des observateurs éminents suivaient ces phénomènes et analysaient avec soin les circonstances qui les accompagnaient.

Ce qui nous amusait il y a cinquante ans était l'objet d'études sérieuses à la suite desquelles une science nouvelle a surgi tout à coup avec ses lois, ses mystères et ses explications, nous étonnant tous par sa prodigieuse universalité.

Déjà au siècle dernier, les audacieuses expériences de Franklin essayant de détourner la foudre de nos demeures par l'emploi du paratonnerre, avait démontré aux hommes qu'ils pouvaient intervenir dans les terribles écarts de ce puissant agent de destruction.

Franklin avait deviné que les nuages, heurtés et roulés les uns sur les autres dans les tourbillons d'un ciel orageux, s'électrisaient réciproquement et portaient dans leur sein la force mystérieuse qui se manifestait aussi dans la machine électrique par des éclairs et des détonations rapides.

L'atmosphère contient de l'électricité.

« C'est à la condensation des vapeurs dans les
« hautes régions de l'atmosphère qu'il faut attribuer
« l'électricité des nuages, c'est par suite d'une conden-
« sation continue que le même nuage peut donner

« plusieurs coups de foudre ! ». (Ganot, cours de physique, p. 874).

Dans son numéro du 4 septembre dernier, le Petit Journal citait l'observation suivante faite par un aéronaute dans une ascension le 26 août :

« En atteignant l'altitude de 1500 mètres, M. L. res-
« sentit dans tout le corps, et notamment à la figure
« et aux mains, un fourmillement particulier. Ayant
« eu l'idée que ce phénomène pouvait être dû à
« l'état d'électrisation de l'atmosphère dans la zône
« que traversait l'aérostat, il étendit les mains et
« constata alors que du bout de ses doigts s'échap-
« paient des étincelles électriques d'un centimètre
« de longueur environ. Cette sensation se prolongea
« durant à peu près une minute, c'est-à-dire, étant
« donnée la vitesse ascensionnelle du ballon en ce
« moment, sur 150 mètres de hauteur ».

On lisait aussi dans l'Illustration du 10 septembre 1859, p. 202 :

« Un phénomène atmosphérique des plus curieux
« s'est produit dans la matinée du 2 septembre sur
« l'ensemble du réseau des lignes télégraphiques.
« Vers 7 heures, au moment où commence le service
« dans les diverses stations, on a remarqué au
« poste central établi au ministère de l'Intérieur,
« que quelques appareils étaient parcourus par
« l'électricité, comme si le poste correspondant eût
« envoyé le courant électrique d'une façon perma-
« nente et l'on n'a pas tardé à reconnaître que le fait
« était général.

« En interrompant le circuit, c'est-à-dire en pro-
« duisant dans le fil conducteur une solution de
« continuité, on observait de très fortes étincelles.

« La même chose se produisait en même temps
« dans toutes les stations télégraphiques de France;
« les postes qui se trouvent entre deux lignes rece-
« vaient le courant des deux côtés. A neuf heures
« et demie, l'électricité, au lieu d'être permanente,
« ne se manifestait plus que par intervalles.

« Dans les temps d'orage, l'électricité atmos-
« phérique produit bien des décharges qui font
« marcher les appareils télégraphiques, mais ces
« décharges sont instantanées et n'ont pas le carac-
« tère permanent qui s'est manifesté cette fois. De
« plus lorsque l'électricité atmosphérique traverse
« un appareil elle brûle ordinairement les bobines;
« mais dans le cas dont il s'agit, quoique le phé-
« nomène ait duré près de 3 heures sans interrup-
« tion, tous les appareils ont été épargnés ....»

Quel est le marin qui n'a pas vu le feu Saint-Elme, lueurs phosphorescentes brillant au sommet des mats, à la pointe des vergues ou sur les crêtes des vagues ; il est dû probablement aux mêmes causes !

Ainsi depuis longtemps, on constate la présence du fluide électrique dans les nuages, dans l'air, dans lesaimants, dans certains objets soumis à des chocs ou à des frottements, on la retrouve également dans les corps exposés à certaines actions chimiques.

On peut affirmer que l'électricité existe partout à l'état latent. On a reconnu que les couches de l'atmosphère sont électrisées tantôt positivement, tantôt négativement, selon que des chûtes de pluie, de neige ou de grêle viennent modifier l'équilibre du fluide aérien.

«... Recherches récentes du célèbre physicien anglais lord Kelvin... Ce savant vient de démontrer que le passage d'une goutte d'eau dans l'air a pour effet d'électriser légèrement celui-ci. L'action électrique est beaucoup plus intense si la goutte d'eau vient à rencontrer un corps solide ou une surface liquide. Enfin si une goutte d'eau douce frappe une surface d'eau salée ou un corps solide, l'air est électrisé négativement, tandis que si l'on opère avec une goutte d'eau salée, l'air est électrisé positivement. D'après le même auteur, le choc des vagues l'une contre l'autre donnerait également lieu à l'électrisation négative dûe à la chûte de la pluie.»(Illustration, 6 juillet 1895).

Même en dehors et bien au-delà du monde inférieur dans lequel l'humanité semblerait devoir être confinée, des esprits audacieux ont affirmé la merveilleuse intervention de l'électricité :

« Le Soleil paraît être, selon la parole de Képler, « un aimant gigantesque soutenant, par les seules « lois d'une attraction réciproque, tous les autres « mondes du groupe qu'il régit, un flambeau et un « foyer permanent d'électricité, mettant en mouve- « ment sur les mondes cet agent impondérable qui « joue un grand rôle parmi les forces en action dans « notre système ». (Camille Flammarion, la pluralité des mondes habités, p. 62).

« C'est ainsi que dans le sein de la nature, tous les « phénomènes s'enchaînent sous la puissance de lois « universelles; que la même force qui soulève pério- « diquement les eaux de la mer écumante, sillonne « de comètes flamboyantes les plaines éthérées, que « la même fécondité qui peuple une goutte d'eau « de milliers d'infusoires, doit produire et déve- « lopper dans l'immensité des cieux des milliers de « nations et de créatures...» (M. o. p. 66).

Actuellement pour définir l'électricité, on la compare à un fluide invisible, impondérable, stationnant ou circulant plus ou moins activement dans tous les corps et à travers tous les milieux selon certaines lois que l'on cherche à déterminer et dont quelques-unes sont déjà formulées.

Ce mouvement du fluide électrique n'est pas sans analogie avec celui de la sève des végétaux qui, sous l'influence de la chaleur, s'élève d'une part, puis redescend de l'autre abandonnant le long de sa course une partie des aliments qui composent l'écorce, les couches diverses de la tige, les feuilles, les fleurs et les fruits.

Comme le fluide magnétique, la sève ne circule

que dans certains milieux qui lui sont favorables, et elle subit un arrêt immédiat si un corps étranger à son espèce végétale est placé sur son parcours.

Chaque variété de sève a ses corps bons conducteurs; son circuit peut être ouvert ou fermé, son débit accéléré ou ralenti par des circonstances extérieures que les bons jardiniers savent utiliser.

Interrompez le circuit, la circulation de la sève s'arrète, la végétation cesse et l'arbre finit par mourir.

Coupez une branche, la sève se reporte sur les autres rameaux qui profitent de ce nouvel apport et deviennent plus forts.

Enlevez quelques feuilles, pincez l'extrémité des branches supérieures, les fleurs et les fruits deviendront plus beaux.

Diminuez la quantité de sève qui circule, ou le débit sans interrompre son mouvement; l'arbre vivra mais sans grandir; vous obtiendrez les végétaux menus et rachitiques qui reproduisent gracieusement sous un format minuscule les contours et les couleurs des géants de nos forêts. Il y a des siècles que les chinois ont dans leurs jardins de vieux chênes et de vieux orangers de six pouces de hauteur.

Ce sont des effets réguliers que l'observation nous a appris, mais les causes n'en sont point encore déduites.

Ce n'est pas sans raison non plus que l'on compare à la circulation de la sève celle du sang dans les veines et dans les artères des animaux.

On obtient l'électricité dans la pratique, on l'oblige à manifester son action, soit par le frottement pour des expériences de laboratoire, soit à l'aide des aimants par induction avec des machines marchant sous l'impulsion du vent, de l'eau, de la vapeur, ou de tout autre effort mécanique, soit enfin par le moyen de piles électriques ou de réactions chimiques.

La machine électrique des laboratoires ou cabinets de physique se compose d'un disque en verre ou en résine que l'on fait tourner rapidement au moyen d'une manivelle entre des coussinets.

Le frottement provoque un dégagement d'électricité sur le disque. Cette électricité est recueillie par des conducteurs en cuivre ou en laiton montés sur un bâtis isolé du sol par des pieds en verre.

Le verre est un corps très mauvais conducteur ou isolant.— Cette machine primitive, connue depuis plus d'un siècle, ne sert que dans des expériences scientifiques. C'est en étudiant les phénomènes qu'elle produit sur une petite échelle que l'on est arrivé à découvrir quelques-unes des lois principales qui régissent l'électricité et que l'on est parvenu progressivement à créer de puissantes dynamos qui semblent destinées à succéder un jour à nos plus fortes machines à vapeur.

Pour expliquer les effets de l'électricité lorsqu'elle est mise en action, on la compare à un fluide comprimé dans un corps de pompe par un piston (*Fig. 1*) à de l'eau par exemple et pouvant s'écouler par un tuyau conducteur.

Sous la face inférieure du piston, le fluide comprimé, lorsqu'une pression est exercée de haut en bas sur ce piston, acquiert une force d'expansion qui se propage dans toute la longueur du tube conducteur dans lequel il est admis. — Sur la face supérieure du piston, lorsqu'un conducteur renfermant le fluide est en communication avec elle, le fluide semble entraîné par le piston dans sa course. Cet effet se propage successivement dans toutes les couches du fluide.

Si les deux conducteurs sont réunis, le circuit est dit fermé et une tension uniforme s'établit dans le fluide à travers le conducteur d'une face du piston à l'autre.

Le fluide, comprimé sur une face, tend à s'écouler vers l'autre face comme pour y remplir un vide.

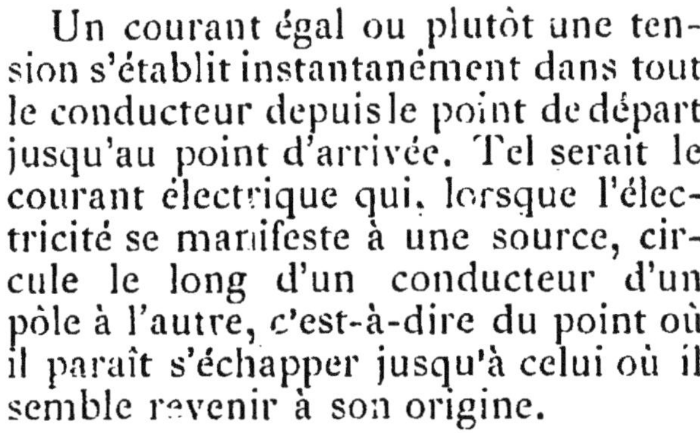

Fig. 1

Un courant égal ou plutôt une tension s'établit instantanément dans tout le conducteur depuis le point de départ jusqu'au point d'arrivée. Tel serait le courant électrique qui, lorsque l'électricité se manifeste à une source, circule le long d'un conducteur d'un pôle à l'autre, c'est-à-dire du point où il paraît s'échapper jusqu'à celui où il semble revenir à son origine.

On donne le signe + au courant positif qui part de la source et le signe — au courant négatif qui tend à le rejoindre.

Il y a peu d'années on les considérait comme deux fluides différents qui se neutralisaient lorsqu'ils étaient réunis et redevenaient actifs lorsqu'ils étaient séparés par une action quelconque. L'un était appelé le fluide positif, l'autre le fluide négatif.

On admettait que, lorsque ces deux fluides étaient isolés l'un de l'autre à la suite d'une action quelconque, ils tendaient à se réunir, même lorsqu'ils étaient séparés par un corps isolant, par de l'air sec, par du cuivre, par de la soie, de la porcelaine..... Ils se portaient à la surface des corps électrisés et s'accumulaient vers les pointes; de sorte que si la pointe d'un corps bon conducteur, tel que du fer, était présentée à un corps électrisé, à un nuage orageux, par exemple, elle était exposée à recevoir les décharges du fluide, à être foudroyée en un mot.

Lorsque ces décharges avaient eu lieu, les deux fluides réunis étaient censés reconstitués en en seul fluide inactif.

En interposant un isolant entre deux corps électrisés différemment, on était parvenu à constituer dans un appareil bien connu, la bouteille de Leyde, un véritable réservoir de force électrique.

On en retirait des étincelles successives en mettant les deux corps électrisés en communication au moyen d'un conducteur en cuivre.

Aujourd'hui on a reconnu qu'il n'existe qu'un seul et même fluide électrique dont la tension est variable. Lorsqu'un corps est électrisé, c'est que la tension ou force électromotrice s'est développée à son pôle positif et est devenue supérieure à celle qui existe au pôle négatif.

Le courant électrique s'établit entre les deux pôles lorsqu'ils sont mis en communication par un conducteur et si la différence des tensions ou des potentiels est forte, le courant passe même à travers les corps isolants avec production d'étincelles, de lumière et de chaleur, jusqu'à ce que l'équilibre se rétablisse entre les tensions existant aux deux pôles.

Les phénomènes n'ont pas varié, mais ils sont mieux connus et sont expliqués différemment.

En résumé, le courant électrique, déterminé par une action quelconque, choc, frottement, chaleur..., résulte d'une différence de tension entre les fluides existant sur deux points déterminés. L'équilibre tend à se rétablir lorsque ces deux points sont mis en communication par un conducteur et même lorsqu'ils sont très rapprochés et que la différence des tensions est suffisante, à travers un milieu mauvais conducteur ou isolant.

De même si deux réservoirs contenant un liquide sont mis en communication, celui dont le niveau est le plus élevé se déverse dans l'autre jusqu'à ce que les deux niveaux soient à la même hauteur.

Un courant électrique exerce autour de lui une influence dans des limites déterminées. Il crée ce que l'on appelle un champ électrique et il se produit dans les corps voisins des courants induits régis par des lois précises que nous énoncerons plus loin.

Lorsque le circuit est fermé, on considère les deux courants mis en communication l'un avec l'autre comme n'en formant qu'un seul à travers le conducteur et à travers la source elle-même, circulant ainsi le long d'une piste continue dans le conducteur et dans la source aussi longtemps que celle-ci produit de l'électricité.

Et c'est en faisant passer le courant dans des récepteurs interposés dans le circuit extérieur que l'on utilise l'action de l'électricité pour obtenir de la force, de la chaleur, de la lumière ou des actions chimiques.

Ce courant peut être interrompu par un obstacle dans la transmission ou par une solution de continuité du conducteur.

Si la communication est rétablie plus ou moins complètement, le phénomène de la circulation du courant recommence, quelquefois avec production de chocs, d'étincelles, d'échauffements et de manifestations diverses correspondant à l'effort accompli par le fluide pour surmonter les obstacles présentés à sa course présumée, pour traverser les corps isolants placés sur son passage..

Mais ce n'est pas dans un tube ou dans un canal que circule l'électricité. Elle se propage avec une rapidité extraordinaire à travers des corps que l'on a reconnus par expérience comme étant bons conducteurs.

Elle parcourt 180.000 kilomètres à la seconde par un fil de cuivre, 100.000 kilomètres par un fil de fer. Citons quelques vitesses comme termes de comparaison :

Vitesse de la lumière dans l'air : 300.000 kilomètres par seconde; vitesse moyenne du son dans l'air à 16° : 340 mètres à la seconde; vitesse moyenne du son dans l'eau à 8° : 1.435 mètres à la seconde;

Dans les diverses espèces de bois, le son se propage 10 fois à 16 fois plus vite que dans l'air.

Dans la fonte, il se propage 10 fois plus vite;

Dans les métaux, la propagation du son est de 4 à 16 fois plus rapide que dans l'air.

Vitesse des étoiles filantes : 42.500 mètres à la seconde.

La vitesse du vent dépasse très rarement 44 mètres à la seconde.

Dans la tempête du 12 novembre 1894, à Paris, 8 heures du soir, elle a atteint 42 m. 50 par seconde.

L'électricité qui se manifeste seulement à la surface des corps bons conducteurs peut y être retenue par l'interposition de corps isolants ou mauvais conducteurs, tels que le verre, la soie, la résine, le caoutchouc, l'air.....

Matières isolantes et leur pouvoir inducteur.

Air..................	1
Flint................	1.76
Résine...............	1.77
Poix.................	1.80
Cire.................	1.86
Verre................	1.90
Gomme laque.........	2
Soufre...............	2.24

Conductibilité pour l'électricité

Cuivre...............	100
Argent...............	90
Or..................	86
Zinc................	29
Platine..............	18
Fer.................	17

Cuivre................	6.000.000.000
Eau distillée............	1
Eau acidulée.............	6
Eau saturée de sulfate de cuivre..............	400

(Extrait du *Mémorial technique universel*).

Une source d'électricité étant donnée, on appelle force électro-motrice, ou tension, la pression qui existe au point de départ du courant et qui tend à faire circuler cette force inconnue, cet agent, ce fluide invisible et impondérable suivant le conducteur. On la représente par la lettre e.

On appelle intensité ou débit la quantité de fluide qui circule dans le conducteur pendant un temps déterminé, on la représente par la lettre i.

La résistance que l'électricité éprouve à circuler, soit dans le conducteur, en raison de sa nature, de sa grosseur et de sa longueur, soit dans la source elle-même, est représentée par la lettre r.

On a reconnu par expérience que l'intensité i était directement proportionnelle à la force électro-motrice e et inversement proportionnelle à la résistance r, ce qui donne la formule $i = \frac{e}{r}$ permettant d'obtenir la valeur de l'un de ces éléments quand on connaît les deux autres.

Le travail accompli est égal au volume du conducteur parcouru multiplié par l'intensité. Soient s la section du conducteur, l, la longueur parcourue, le volume $v = l \times s$ et le travail sera $t = i \times v$ ou $i \times l\ s$.

Le potentiel de l'électricité est le travail que peut produire l'unité du fluide dans une portion déterminée du conducteur. Il est proportionnel à la tension. Ce terme s'emploie assez fréquemment pour celui de tension ou force électro-motrice.

Pour rendre ce terme plus clair par analogie, on le compare souvent à la pression dans une conduite d'eau, pression qui est exprimée par la différence des hauteurs entre le point de départ de la chûte et le point dont on veut indiquer la pression.

Pour évaluer l'électricité, pour la mesurer dans la pratique, on a cherché à établir des mesures étalons ou quantités fixes qui ont été adoptées par toutes les nations.

Les unités fondamentales de longueur, de poids, et de temps adoptées sont le centimètre, le gramme et la seconde. C'est ce qu'on appelle le système C. G. S., initiales de ces termes.

Ces mesures n'étant pas d'un usage commode, étant données les conditions particulières dans lesquelles agit l'électricité, on a adopté des unités spéciales pour mesurer les manifestations de cet agent, en les prenant parmi les multiples et les sous-multiples décimaux des unités C. G. S.

On leur a donné des noms rappelant les savants qui ont rendu le plus de services à la science nouvelle.

Le *volt* est l'unité de mesure de la force électromotrice ou tension. Il vaut 100 millions d'unités C. G. S. (Il représente à peu près la force d'une pile Daniell).

Le *Ohm* est l'unité de résistance. C'est la résistance à 0° d'une colonne de mercure ayant une section de 1^{mm} carré et une longueur de 1 mètre 06. C'est aussi la résistance d'un fil de fer de 100 mètres de longueur sur 4^{mm} de diamètre ou d'un fil de cuivre de 48 mètres de long, sur 1^{mm} de section. Il vaut 1.000 millions de C. G. S.

L'*ampère* est l'unité d'intensité. C'est l'intensité d'un courant dont la force électro-motrice est de un volt et qui circule dans un conducteur dont la résistance est de un ohm. Elle égale 1/10 de l'unité C. G. S.

La loi de ohm, $I = \frac{E}{R}$, peut s'écrire : 1 ampère $= \frac{1 \text{ volt}}{1 \text{ ohm}}$. (p. 96 ; Hospitalier, Formulaire).

Le *Coulomb* est l'unité de quantité. C'est la quantité d'électricité qui traverse pendant une seconde un conducteur ayant une résistance de 1 ohm sous une pression de 1 volt. Elle égale 1/10 de l'unité C. G. S.

Le *Farad* est l'unité de capacité. C'est la capacité

d'un conducteur qui, chargé à un potentiel de 1 volt, contient 1 coulomb.

Le *Watt* est l'unité de travail électrique. C'est le travail produit pendant une seconde par un courant qui a une force électro-motrice de 1 volt et une intensité de 1 ampère. Il est égal à $\frac{1 \text{ kilog.}}{9.81}$ à la latitude de Paris.

L'ampère-heure est la quantité d'électricité qui traverse un circuit pendant une heure, lorsque l'intensité est de 1 ampère. Il vaut donc 3.600 coulombs.

Ainsi Volta, Ohm, Ampère, Faraday, Coulomb, Watt, ont leurs noms associés à toutes les branches de la science nouvelle.

Nous aurions voulu que le nom de Franklin figurât en tête de ces illustrations. Autant qu'aucun autre, il a contribué à la conquête par l'homme de ce nouveau domaine de la science physique. Et il est trop près de nous pour que nous le reléguions avec Prométhée dans la catégorie des personnages fabuleux qui furent les précurseurs des électriciens modernes.

Watt, le très illustre mécanicien, s'il avait été consulté, aurait certainement cédé volontiers sa place dans le ciel des électriciens au bonhomme Franklin. Il se serait contenté de siéger au premier rang parmi les ingénieurs célèbres.

Ces mesures, il faut le dire, ne sont pas encore définies avec la précision rigoureuse qui conviendrait. Le temps et l'expérience seules permettront d'arriver à l'exactitude et à la simplicité qui doivent les caractériser un jour.

Pour reconnaître et mesurer la force d'un courant électrique, on se sert de différents instruments dont les plus connus sont le galvanomètre, le voltmètre, l'ampèremètre....

Le principe de la construction de ce dernier est

l'attraction exercée par le passage d'un courant électrique sur les pôles d'une aiguille aimantée.

Un aimant léger est librement suspendu à un fil de soie et orienté dans le sens du méridien magnétique. Il indique par son mouvement de déviation pour diriger l'un de ses pôles vers le conducteur du courant électrique quelle est l'intensité de ce courant. La déviation qu'il subit est indiquée sur un cadran gradué.

Le voltmètre est basé sur la décomposition de l'eau par le passage d'un courant électrique.

Plusieurs modifications et perfectionnements ont été apportés à ces appareils qui donnent aujourd'hui des indications très précises.

« Ampèremètres et voltmètres doivent être exacts
« et on doit exiger d'eux que l'erreur de leurs in-
« dications ne dépasse pas un centième en plus ou
« en moins ». (Janet, p. 9).

Aimants. — On s'est servi d'abord des aimants existant à l'état naturel pour aimanter par le frottement des lames d'acier qui servaient de boussoles et dont les extrêmités se dirigeaient, lorsqu'elles étaient librement suspendues, vers les pôles magnétiques du globe terrestre.

Lorsque deux aiguilles magnétiques sont suspendues l'une près de l'autre, leurs pôles de noms contraires s'attirent, leurs pôles de même noms se repoussent. Ainsi, lorsqu'on appelle pôle nord d'une aiguille l'extrémité qui tourne vers le nord, et pôle sud celle qui se dirige vers le sud, les deux pôles nord de deux aiguilles voisines se repoussent, le pôle sud de l'une attire le pôle nord de l'autre.

L'observation nous a démontré que la terre agit comme un véritable aimant dont l'action se fait sentir sur toute sa surface. Les pôles magnétiques du globe sont situés à une certaine distance dans le voisinage des pôles géographiques de la terre et ils se déplacent lentement suivant une loi qui n'est connue que très imparfaitement.

Ainsi les boussoles n'indiquent pas le nord vrai du monde et leurs variations avec le méridien sont différentes selon les points où se font les observations.

« James Ross, en 1831, avait reconnu que le pôle « magnétique boréal concordait, à cette époque, « avec un point de la côte occidentale de la pres- « qu'île de Boothia Felia (au nord de la baie d'Hud- « son), situé par 70° 5' latitude nord et 99° de longi- « tude ouest de Paris (ou plus exactement(: 70° 5' « 17" lat. n. et 99° 6' 5 9" long. ouest.

« Il admettait que le pôle magnétique subissait « un déplacement vers l'ouest de 11' 14" chaque « année, et que par conséquent, il devait accomplir « son mouvement de translation complet autour « du pôle géographique dans l'espace de 1890 ans.

« En 1879, l'expédition Schwat-Ka constata que « le pôle magnétique se déplace d'une quantité « moindre et se trouvait après un laps de 48 années, « à 2° à l'ouest du lieu où l'avait fixé Ross et non à « plus de 8°, comme il en aurait dû être, selon ses « calculs.

« Le colonel W. H. Gilder, de New-York, se pro- « pose de déterminer la position actuelle du pôle « magnétique boréal. »

(*Bulletin de la Société de Géographie,* 4e trim. 1894, p. 549).

Si on place un aimant auprès d'une pincée de limaille de fer répandue sur du papier, les parcelles de fer se rapprochent de cet aimant dans des positions qui indiquent les directions suivant lesquelles s'exercent sur elles les attractions magnétiques. Ces directions s'appellent les lignes de force de l'aimant.

La limaille se groupe aux deux pôles de l'aimant.

La ligne médiane CC' de l'aimant où l'attraction est nulle s'appelle la ligne neutre. L'ensemble des lignes de force s'appelle le champ magnétique de l'aimant. (*Fig.* 2.)

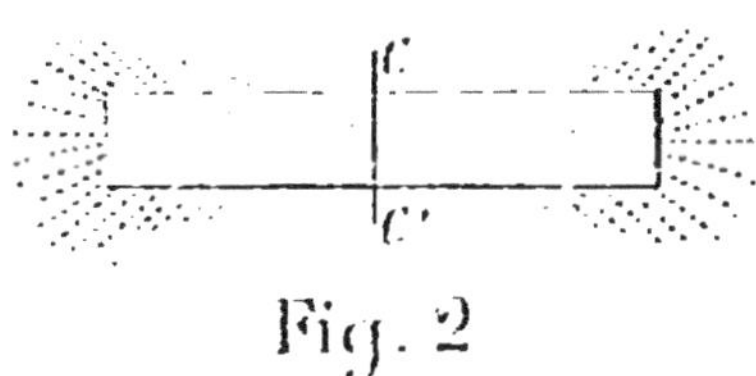

Fig. 2

Pour expliquer l'action du fluide magnétique observé dans les aimants tant à l'intérieur qu'à l'extérieur de ces aimants, on suppose que les lignes de force des aimants sont de véritables courants qui circulent dans le champ magnétique d'un pôle à l'autre et que le circuit de ce courant se continue et se propage à l'intérieur des aimants en complétant ainsi une courbe formée tant à l'intérieur qu'à l'extérieur du barreau aimanté. *(Fig. 3).*

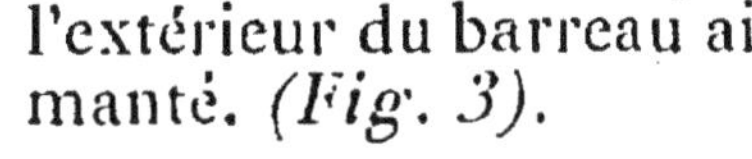

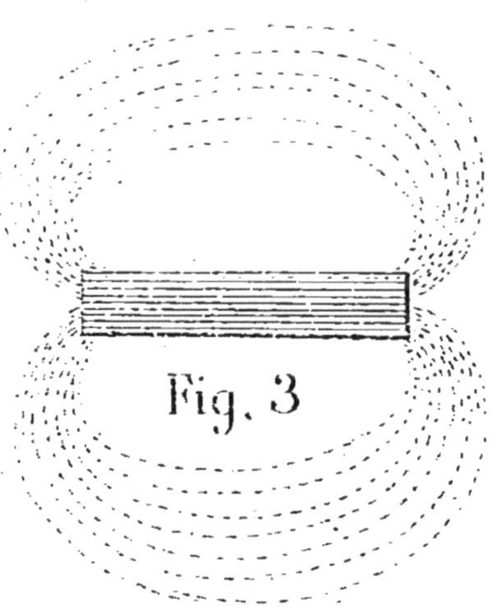
Fig. 3

L'air opposant une plus grande résistance que le fer aimanté au passage des courants magnétiques, ces courants se réunissent en un faisceau serré de lignes parallèles dans l'intérieur de l'aimant et s'espacent les uns des autres à l'extérieur dans le champ magnétique.

De même le fluide électrique part de la source d'électricité, circule dans le conducteur et vient rejoindre son point de départ après avoir traversé la source elle-même qui lui avait donné naissance en complétant également un circuit fermé. Mais il lui faut un conducteur.

Il existe bien d'autres analogies entre les courants magnétiques et les courants électriques. Ils sont régis dans bien des cas par les mêmes lois et, dans certaines conditions déterminées, les uns engendrent les autres comme nous le verrons, par influence ou par induction. Il est des circonstances où les uns et les autres exercent une action identique.

Constatons leurs similitudes, peut-être un jour leur identité sera-t-elle admise ?

Il semblerait qu'ils sont un seul et même agent de transport et de transformation de l'énergie se manifestant sous des formes et dans des conditions différentes.

Solénoïdes. — On appelle solénoïdes une foule de petits courants circulaires de même sens dont les plans sont perpendiculaires à la ligne qui joint leurs centres. *(Fig. 4.)*

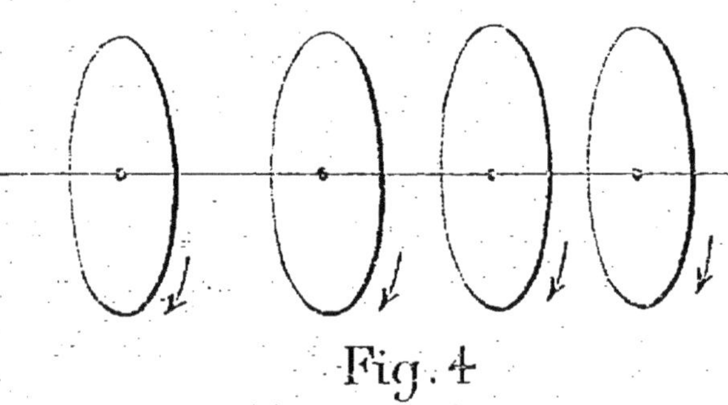

Fig. 4

On constitue des solénoïdes dans la pratique en enroulant un conducteur autour d'une tige cylindrique de façon à ce que les spires soient très rapprochées et en recouvrant le fil conducteur d'un isolant pour que le courant ne passe pas d'une spire à une autre par contact.

Chaque spire tend à se placer parallèlement au courant qui engendre le champ. L'axe du solénoïde est sollicité à se mettre en travers avec ce courant.

Si le solénoïde est abandonné à lui-même, son axe se dirige selon une ligne nord et sud. Le solénoïde se conduit donc comme un aimant.

Si un homme est penché sur le fil et regarde l'axe, si le courant entre par ses pieds et sort par sa tête, sa droite est dirigée vers le pôle boréal, sa gauche vers le pôle austral.

Fig 5

Les solénoïdes se conduisent entre eux comme les aimants ; leurs pôles de noms contraires s'attirent, leurs pôles de mêmes noms se repoussent.

Lorsqu'on place une barre de fer doux dans un solénoïde parcouru par un courant, cette barre de fer s'aimante et agit vis à vis du solénoïde comme elle agirait vis à vis d'un autre aimant.

On peut changer le sens de l'orientation d'un barreau de fer doux aimanté par l'influence d'un courant électrique voisin, soit en renversant le courant, soit en changeant le sens de l'enroulement du fil conducteur autour de ce barreau.

Si l'on veut, par exemple, placer le pôle boréal à l'extrêmité A de l'aimant, il suffit de l'entourer à partir de cette extrêmité par le fil conducteur du courant enroulé dans le sens du mouvement des aiguilles d'une montre en faisant suivre au courant des spires dirigées comme le seraient celles d'un tire-bouchon ordinaire.

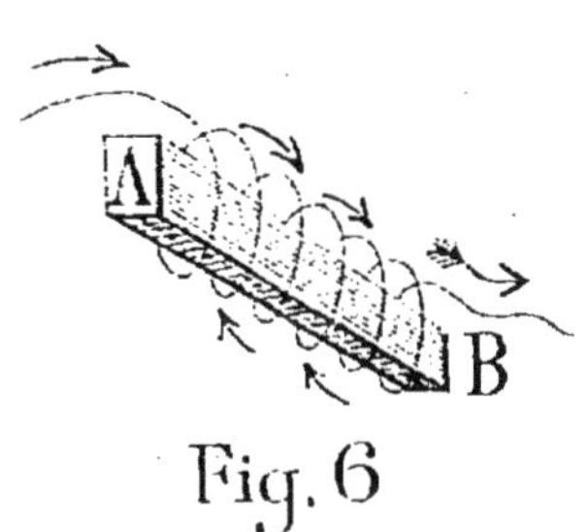

Fig. 6

On a conclu des expériences faites que le fer est un véritable solénoïde dont tous les molécules sont parcourus par des courants partiels qui deviennent parallèle lorsque le fer est aimanté.

Si le fer n'est pas aimanté, c'est que les courants partiels circulent indifféremment en sens divers et se neutralisent.

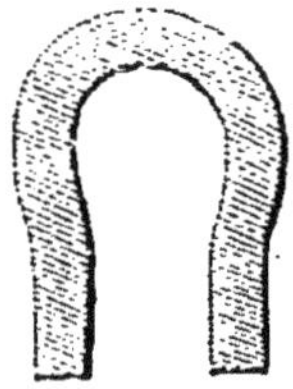

On se sert, pour obtenir des aimants puissants, de l'aimantation des barreaux de fer au moyen de spires enroulées sur leurs surfaces et parcourues par un courant électrique.

N S

Généralement ces aimants sont recourbés en forme de fer à cheval. *(Fig. 6 bis)*.

« Courant terrestre. — Le magnétisme terrestre, « comme celui des aimants, peut être expliqué par des « courants. Ampère a admis l'existence de courants « électriques circulant autour de notre globe, de « l'Est à l'Ouest, perpendiculairement en chaque « lieu au méridien magnétique.

« Ces courants, en ajoutant leurs effets, équivalent « à un courant résultant unique qui serait dirigé de « de l'Est à l'Ouest et parcourrait l'Equateur ma- « gnétique.

« Quant à leur origine, ce seraient des courants « thermo-électriques dûs aux variations de tempé- « rature qui résultent de l'action successive du soleil « sur les différents points de la surface du globe « par suite du mouvement diurne.

« Ce sont ces courants qui dirigent les aiguilles « des boussoles ainsi que les solénoïdes et qui agissent « sur les courants horizontaux et verticaux.

« L'hypothèse du courant terrestre est parfaite- « ment conforme aux lois expérimentales de l'action « de la terre sur les courants ». (Ganot, 1887, p. 609).

Ainsi la terre peut être considérée comme un

aimant ou comme un solénoïde. Elle peut aimanter par influence les masses de fer existant à sa surface.

Les courants thermo-électriques circulant à la surface de la terre de l'Est à l'Ouest agissent sur elle comme les courants parallèles d'un solénoïde agiraient sur une masse métallique; ils provoquent son aimantation et la création des pôles magnétiques.

Citons la note suivante publiée en 1857 sur l'électro-magnétisme :

« C'est à Arago que nous devons la connaissance « des influences réciproques des courants électriques « sur les aimants et des aimants sur les courants « électriques. En 1824, notre illustre compatriote « observa le premier que le nombre d'oscillations « que fait une aiguille aimantée dans des temps « égaux, quand on la dévie de sa position d'équi- « libre, est très affaibli par le voisinage de certaines « masses métalliques et notamment de cuivre rouge, « qui peut réduire le nombre d'oscillations de 300 « à 4. Cette observation le conduisit l'année sui- « vante à constater l'action révolutive qu'une « plaque de cuivre en mouvement exerce sur une « aiguille aimantée. Arago ne donna point d'explica- « tion de ces phénomènes.

« C'est M. Faraday, physicien anglais, qui, le « premier, en 1832, a fait voir à l'aide du galvano- « mètre, qu'ils étaient dûs à des courants d'induc- « tion développés dans des disques par l'influence « de l'aiguille aimantée. Il a également reconnu que « l'action magnétique de la terre produit des « courants électriques analogues dans les disques « métalliques en mouvement en sorte qu'on peut « dire que tous les métaux en mouvement à la sur- « face du globe « sont parcourus par des courants « d'induction.....» (Félix Roubaud, 1857, Illustration, p. 366).

Le courant magnétique exerce une action sur

différents corps, notamment sur les barreaux de fer situés dans le champ magnétique créé par l'influence de ce courant.

Lorsqu'un conducteur dont le circuit est fermé traverse le champ magnétique créé par un courant, toute variation de l'intensité du courant donne lieu à un courant instantané dans le circuit influencé; ce phénomène s'appelle induction... (Colson, p. 37).

« Cette action a été nommée induction par Fa-
« raday qui l'a découverte en 1832...... On prend un
« aimant d'une part et de l'autre un fil conducteur
« communiquant par les deux bouts avec un gal-
« vanomètre un peu sensible ; ce fil forme d'ailleurs
« un circuit fermé et n'est en communication avec
« aucune source d'électricité ; aussi le galvanomètre
« n'y manifeste-t-il aucun courant électrique dans
« l'état ordinaire ; mais si l'on prend le fil et qu'on
« l'approche de l'un des pôles de l'aimant, le galva-
« nomètre montre un courant qui dure tout le temps
« que le fil est en mouvement pour se rapprocher
« de l'aimant ; quand le fil s'arrête, le courant dis-
« paraît ; si on l'éloigne, un nouveau courant de sens
« contraire au premier prend à son tour naissance
« pendant le mouvement et s'éteint lorsque le
« mouvement finit.

« Ainsi on obtiendra un courant électrique toutes
« les fois qu'on le mettra en mouvement en présence
« d'un pôle d'aimant.....» (Comte du Moncel et Franck Geraldy, p. 148).

Les variations d'intensité peuvent être obtenues par un mouvement du conducteur influencé ou bien par un mouvement de l'appareil inducteur, lorsque l'induction est produite par un courant d'intensité constante. Un rapprochement correspond à une augmentation d'intensité, un éloignement à une diminution de cette intensité.

Ces courants induits instantanés cessent en même temps que les variations de l'intensité du courant inducteur.

Leur force électro-motrice est proportionnelle: 1° à l'intensité du champ; 2° à la rapidité de la variation; 3° à la longueur du circuit plongé dans le champ électrique.

Le courant induit est direct lorsqu'il est de même sens que le courant inducteur; il est dit inverse lorsqu'il est de sens contraire.

Il se produit un courant induit inverse au moment où le courant inducteur prend naissance, et un courant direct lorsque le courant inducteur cesse.

Un courant induit peut à son tour jouer le rôle d'inducteur sur un autre circuit placé dans son champ d'action et ainsi de suite, on peut obtenir par ce moyen des courants induits successifs.

Lorsque des conducteurs sont traversés par des courants, ils sont entourés d'un champ électrique qui peut produire des courants induits sur toute portion de circuit fermé voisin, lorsque l'intensité du courant est variable.

Si deux conducteurs fermés sont placés de manière à ce que l'un soit dans le champ électrique de l'autre, ils s'attirent ou se repoussent selon leurs positions respectives, et selon le sens des courants qui les parcourent.

Deux courants parallèles s'attirent;

Deux courants de sens contraires se repoussent;

La force d'attraction ou de répulsion est proportionnelle aux intensités des courants, à la longueur de chaque conducteur plongé dans le champ de l'autre et inversement proportionnelle à la distance qui les sépare. (Loi d'Ampère).

Toutes les fois qu'on produit un déplacement relatif entre un courant et un circuit fermé à l'état naturel, ce dernier est traversé par un courant d'induction qui réagit pour déterminer un mouvement inverse de celui qui donne lieu à l'induction. (Loi de Lenz).

C'est en tenant compte de ces lois sur l'induction que l'on a été amené à créer les dynamos, les machines magnéto-électriques dont les champs d'induction sont constitués par des aimants, et les machines dynamo-électriques dont les champs inducteurs sont influencés par des électro-aimants, barres de fer aimantées par le passage d'un courant électrique dans un conducteur enroulé sur leurs surfaces.

Ainsi, par voie d'induction, on transforme des courants magnétiques en courants électriques, et par influence, on aimante des barreaux de fer dits électro-aimants en employant des courants électriques: et enfin, avec ces électro-aimants, on obtient dans les dynamos mis en mouvement dans leur champ magnétique, de puissants courants électriques.

La plus connue de ces machines, le type le plus répandu en France et le plus ancien, est l'appareil Gramme.

Entre deux aimants A et B tourne rapidement un anneau de fer doux a sur lequel sont fixées des bobines de fils de cuivre enroulés b b (*Fig. 7 bis*).

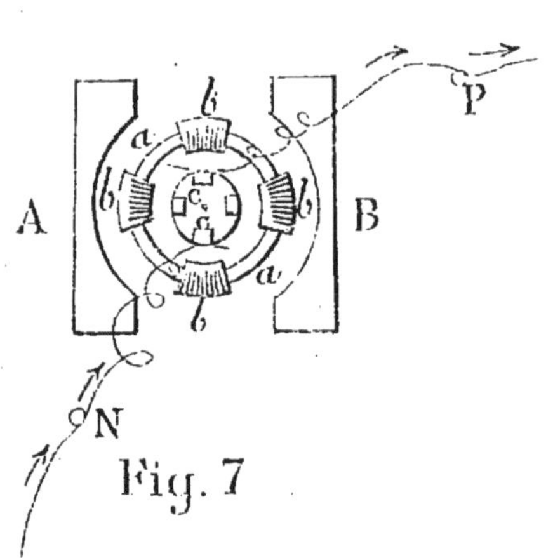

Fig. 7

Les extrémités de ces fils communiquent avec des collecteurs de métal c isolés les uns des autres et perdus dans l'axe de l'anneau

Les courants induits produits sur les fils des bobines sont transmis aux collecteurs et sont recueillis à leur sortie par des fils de cuivre dits balais qui portent à frottement sur l'axe.

Ces balais sont disposés de manière que les uns reçoivent le courant à son entrée ou courant positif et les autres le courant à sa sortie, c'est-à-dire le courant négatif. Ils transmettent ces courants aux deux pôles de la machine P et N sur lesquels on peut fixer les extrémités d'un conducteur extérieur.

Dans les machines dynamos, les aimants sont remplacés par des électro-aimants formés de deux barreaux de fer doux autour desquels est enroulé un fil de cuivre isolé disposé de manière à déterminer, lorsqu'il est traversé par un courant, un pôle d'un certain nom, au milieu de l'un des barreaux, et un pôle de nom contraire au milieu de l'autre.

Ainsi les aimants constituèrent la source première qui fut appelée à fournir les courants induits développés et recueillis par l'action des dynamos.

Puis on leur a substitué des électro-aimants. En dernier lieu, comme les barreaux de fer employés conservent généralement une aimantation latente qu'on appelle magnétisme rémanent, on a fini par employer des machines auto-excitatrices dans lesquelles la rotation de l'anneau et des bobines de fils de cuivre qui lui sont annexées provoquaient la création de courants induits dûs à ce magnétisme rémanent. Ceux-ci réagissaient sur les barreaux de fer latéraux et développaient leur aimantation par le moyen d'un fil de cuivre partant de leurs pôles et allant s'enrouler autour des électro-aimants. L'action de ces derniers devenant immédiatement plus énergique accroît l'intensité des courants induits jusqu'à ce que les barreaux aimantés atteignent le degré de saturation au delà duquel leur force magnétique ne peut plus augmenter.

L'intensité d'un champ électrique est proportionnelle au nombre de tours ou au nombre de courants parallèles qui circulent autour de ce champ. Les spires du fil n'ont d'influence sur le barreau que dans une épaisseur égale à celle du noyau. Il faut remarquer d'ailleurs, qu'augmenter le nombre des tours utiles du fil revient à diminuer son diamètre, or on augmente ainsi la résistance et on diminue l'intensité du courant; il y a donc une valeur de la résistance du fil pour laquelle l'aimantation du noyau, produite par une source donnée, est maximum; cette valeur est égale à la résistance du reste du circuit. (Colson, p. 45.)

La quantité de force magnétique que peut acquérir un barreau aimanté est limitée par ses dimensions. On est donc amené, pour doter les dynamos de toute la puissance possible, à leur donner des armatures très massives.

Dans sa conférence du 4 août 1894, M. Janet rappelle la très utile application de l'adhérence par aimantation dûe à M. de Bovet, ingénieur, pour le touage des chalands de la Seine, système qui a été proposé pour le remorquage des jonques sur le Fleuve Rouge au Tonkin. En aimantant la poulie sur laquelle passe la chaîne de touage, il obtient une adhérence parfaite et permet aux remorqueurs de remorquer les plus fortes charges, même avec des courants très rapides. Il est fâcheux que cette invention n'ait pas encore été appliquée en Indo-Chine. C'est en assurant la sécurité et la rapidité des transports que l'on supprimera la piraterie en Extrême-Orient.

Plusieurs améliorations et perfectionnements ont été apportés aux machines primitives de Gramme. Les appareils les plus employés chez nous sont les machines Gramme, Marcel Deprez, Siemens...

Le calage des balais a pour but de régulariser leur action en les maintenant en communication constante avec les collecteurs dont ils doivent recevoir les courants pour les transmettre aux fils conducteurs extérieurs. On comprend qu'étant donnée la grande vitesse de l'anneau, la portée des balais s'use rapidement et le contact peut se déranger.

D'autre part, l'action des pôles sur l'anneau crée une ligne neutre n n qui se déplace par le mouvement rapide de l'anneau dans le sens du mouvement n' n'' *(Fig. 8)*.

Fig. 8

C'est en ces points n' n'' que doivent porter les balais pour éviter la production des étincelles qui indiquent toujours une déperdition du fluide électrique.

CHAPITRE II

Piles Electriques

Il est une autre source d'électricité connue depuis longtemps, mais ne donnant pas encore les actions puissantes que fournissent les courants induits recueillis à l'aide des dynamos.

C'est la pile électrique fournissant des courants électriques qui sont produits par les réactions chimique de deux corps différents mis en communication par l'intermédiaire de liquides acidulés provoquant leur décomposition ou leur transformation.

Volta, en 1800, inventa la première pile électrique composée de rondelles de cuivre et de zinc alternées et séparées deux à deux par des rondelles de draps imbibées d'eau acidulée; si la rondelle supérieure est en cuivre, la pile se termine à la partie inférieure par une rondelle de zinc. On relie les deux rondelles extrêmes par un conducteur en cuivre dans lequel circule un courant dont l'intensité dépend du nombre de ces rondelles et de leurs dimensions. A mesure que les rondelles de drap se dessèchent, le courant s'affaiblit et finit par devenir insensible. La tension de ces piles était faible et variable. L'humidité des rondelles de drap ne pouvait se maintenir régulièrement.

L'assemblage de deux éléments de natures différentes constitue un couple, on appelle électrodes les deux éléments d'un couple.

Un perfectionnement considérable fut apporté à ces dispositions primitives. Chaque couple fut placé dans un vase séparé rempli d'eau acidulée et les éléments de ce couple furent réunis un à un à l'élément de nom contraire du couple voisin par des conducteurs isolés. Les éléments extérieurs des couples extrêmes devaient être de noms contraires. Ils sont les points de départ du circuit extérieur.

Ainsi une pile composée de couples formés par des plaques alternées cuivre et zinc, commence t'elle par une plaque de zinc, la plaque de cuivre qui est plongée dans le même vase est reliée par sa partie supérieure qui émerge du liquide au moyen d'un conducteur en cuivre avec le zinc plongeant dans le second vase; le cuivre placé dans le second vase est uni par une autre conducteur au zinc placé dans le troisième vase et ainsi successivement jusqu'au dernier vase contenant le dernier couple où l'élément cuivre sert de point de départ au conducteur extérieur qui va rejoindre le premier élément zinc du premier vase.

La pile électrique est donc disposée horizontalement et les électrodes des couples qui la composent baignent deux à deux dans des vases alignés les uns à la suite des autres.

Les deux extrêmités zinc et cuivre sont appelés pôles de la pile. — On donne le signe + au pôle cuivre duquel paraît partir le courant électrique et le signe — au pôle zinc vers lequel le courant paraît se diriger lorsque le circuit est fermé.

L'élément voltaïque est une chaîne continue dans laquelle une différence de potentiels s'établit successivement entre chacune des substances en contact.

Des modifications nombreuses ont été apportées aux anciennes piles pour obtenir une force électro-motrice plus grande et un débit plus régulier.

Jusqu'à présent les piles fournissent difficilement une force électro-motrice ou tension suffisante et une intensité assez constante pour obtenir un travail réellement avantageux dans la pratique.

On attribue le développement de l'électricité dans les piles, soit au rapprochement de deux corps différents attaqués inégalement par un liquide, soit à l'action chimique elle-même du liquide acidulé sur les métaux. D'ailleurs il n'y a courant qu'autant qu'il y a consommation de la matière.

L'intensité du courant dépend:

1° De la force électro-motrice intérieure dûe aux réactions chimiques en jeu;

2° De la résistance intérieure de la pile et des circuits. (Colson, p. 59).

Les deux électrodes se chargent d'électricité. L'électrode qui est la moins attaquée par ce liquide possède un potentiel plus élevé que celle qui est la plus attaquée.

Dans les piles zinc et cuivre, c'est le zinc qui est le plus attaqué. — Les potentiels se rapportent à l'unité de quantité d'électricité et leur différence ou la quantité de force électro-motrice totale est indépendante des dimensions de la pile.

Mais ces dimensions influent sur la résistance intérieure. Celle-ci est d'autant plus faible que les électrodes ont une moins grande résistance spécifique, une plus grande action et sont moins écartées l'une de l'autre. La résistance du liquide influe aussi sur la résistance intérieure.

Dans les piles voltaïques, les résistances intérieures entraînent des pertes très considérables de la force électro-motrice originelle. On les évalue approximativement à plus de 90 o/o (?) C'est pour ce motif que dans les entreprises d'éclairage ou de travail mécanique, on ne les emploie que pour obtenir des efforts très limités, pour éclairer de petits espaces ou pour mettre en mouvement des machines légères.

On a évalué le rendement en chevaux-vapeurs de quelques piles électriques par kilo de zinc transformé dans une heure.

Voici les résultats indiqués par M. Morton :

Pile Daniell —	744 cal. 5 —	1 1/5	cheval
« Grow ou Bunsen	1439 — —	2 1/4	—
« Poggendorff	1484 — —	2 1/3	—

Il fait remarquer que dans aucun cas ce rendement ne peut atteindre la force correspondante aux nombre de calories résultant de l'oxydation d'un kilo de zinc et de la dissolution de l'oxyde dans l'acide sulfurique, soit 1228.5 calories + 329.5, ou 1578, calories par kilo de zinc. (*Vie scientifique*, 19 octobre 1895).

Un cheval vapeur entraînerait au maximum la consommation d'un kilo de charbon à l'heure dans une machine à vapeur ordinaire, on voit que la production de la force dans les machines à vapeur est 40 ou 50 fois moins coûteuse.

Produits secondaires. Polarisation.—Il se forme dans toutes ces piles, par suite des actions chimiques, des produits secondaires liquides, solides ou gazeux qui altèrent leur action au bout d'un certain temps. Ils influent, soit sur la force électro-motrice ou tension, soit sur la résistance intérieure, soit sur les deux en même temps. (Colson, p. 62).

Presque toujours, toujours même, il y a diminution de la force électro-motrice tension par suite de la production d'une force électro-motrice de sens contraire dûe au changement de nature des substances avec lesquelles ces électrodes sont en contact. Ce phénomène s'appelle polarisation des électrodes. C'est la création de pôles nouveaux dans la pile.

Pour retarder la polarisation, on ajoute aux substances en présence un autre liquide ou solide pouvant former avec les produits secondaires qui causent la polarisation d'autrescombinaisons moins nuisibles.

On emploie actuellement deux catégories de piles :

Les piles à un liquide avec ou sans dépolarisant solide ou liquide ;

Les piles à deux liquides dont l'une joue le rôle de dépolarisant.

Parmi les piles anciennes à un liquide sans dépolarisant,on connaît surtout celle de Volta composée de deux électrodes, l'une en zinc, l'autre en cuivre, en platine ou en charbon, plongées dans de l'eau acidulée avec de l'acide sulfurique. L'hydrogène provenant de la décomposition de l'eau se porte sur l'électrode positive et s'y dépose en bulles très minces. Il détermine avec l'oxigène qui se dégage sur le zinc une sorte de pile secondaire dont la force électro-motrice est de sens contraire à celle du couple ; en outre il augmente la résistance de la pile.

D'autre part, si le zinc est impur, il renferme du fer et d'autres métaux. Il se forme au contact de l'eau acidulée un grand nombre de couples locaux sur la lame de zinc,, entre les particules de zinc et celles des autres métaux moins attaquables qui y adhèrent, ce qui produit un dégagement d'oxygène sur la lame de zinc et une usure rapide de ce métal.

Zinc amalgamé. — Les actions parasites et secondaires sont fort atténuées lorsqu'on amalgame le zinc, lorsqu'on l'allie avec du mercure.

La polarisation est donc la création de deux pôles de noms contraires résultant du passage du courant électrique dans l'intérieur de la pile.

Ils sont les points de départ de courants agissant en sens opposé du courant primitif.

Généralement lorsqu'un courant traverse un corps non électrisé, il donne naissance par son passage à une production d'un courant électrique de sens contraire.

Ce nouveau courant, ou contre-courant, à mesure qu'il se développe diminue l'intensité du courant originel, quelquefois dans des proportions considérables.

C'est pour atténuer l'influence irrégulière de ces courants secondaires dans les piles électriques qu'on emploie souvent des dépolarisants solides ou liquides qui s'opposent à leur développement tout en respectant la circulation du courant primitif.

On a fait des tentatives vaines jusqu'à ce jour pour obtenir des piles électriques qui fournissent une force électro-motrice ou tension assez puissante et un débit régulier pendant quelques heures sans exiger une trop forte dépense et des soins minutieux.

Combien il aurait été agréable et utile d'obtenir à volonté, par le moyen d'une batterie de piles électriques dissimulées derrière un meuble, une lumière pure et régulière ne pouvant causer d'incendie ni vicier l'atmosphère de nos logements, ou bien encore une force capable d'actionner un moteur permettant d'exécuter commodément, proprement et à bon marché les menus travaux de l'intérieur d'une maison !

On est arrivé cependant à des résultats déjà très remarquables si l'on compare l'action des piles nouvelles à la faiblesse incontestée de celles que l'on employait récemment à faire des expériences de courte durée. Mais les meilleures batteries connues réclament encore des soins fréquents, sont coûteuses et ne donnent que des résultats insuffisants.

L'une des plus appréciées est la pile Leclanché employée pour les sonneries électriques qui ne demandent qu'un travail intermittent.

Dans un même vase plongent deux électrodes, l'une de zinc, l'autre composée d'un aggloméré de charbon et de bioxyde de manganèse. Le vase contient une dissolution de chlorhydrate d'ammoniaque (sel ammoniaque du commerce). Cette pile ne coûte pas cher d'installation et dure longtemps.

Examinons les dispositions de la sonnerie dite trembleuse qu'elle est destinée à actionner. *(Fig. 9)*.

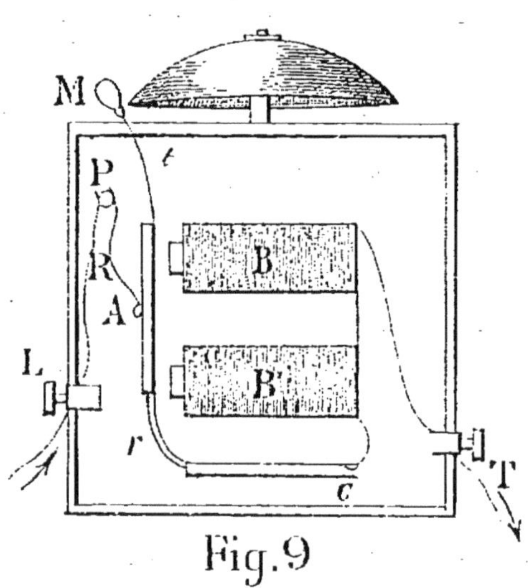

Fig. 9

Un timbre est fixé sur un cadre en bois en face d'un marteau M porté sur une tige d'acier t. Cette tige est en prolongement sur l'armature A d'un électro-aimant BB'.

L'armature est fixée par un ressort r ; A porte un ressort R en contact avec le butoir en métal P relié à la ligne par le pôle L.

Une extrêmité du fil des bobines est attachée à l'armature, l'autre communique au fil de retour ou à la terre par la borne T.

Si on fait communiquer le courant de la borne L à la borne T en fermant le circuit ou en mettant la source en communication avec L, ce qui se fait habituellement en pressant un bouton, le courant circule instantanément de L en T en passant par la borne P, par le ressort R, par l'armature A et par le fil enroulé sur les bobines. L'électro-aimant s'aimante immédiatement, attire brusquement l'armature A, le marteau M frappe le timbre et le ressort R s'éloigne en même temps du butoir P. Puis le ressort R ramène l'armature à son poste primitif, le ressort R porte de nouveau sur le butoir, la communication se rétablit de L en T à travers le fil, l'électro-aimant est aimanté de nouveau, l'armature s'en rapproche et le timbre reçoit un nouveau coup de marteau; la circulation est interrompue, puis se rétablit successivement en provoquant des coups de marteau précipités sur le timbre tant que le courant électrique d'une pile est mis en communication avec les bornes L et T de l'appareil.

Ainsi le courant électrique, au moyen d'une installation des plus ingénieuses, se traduit à distance par une force intermittente qui produit des chocs répétés du marteau sur le timbre.

Les piles Trouvé, Radiguet, Cloris Baudet, Lalande et Chaperon..., sont mentionnées avec éloge dans la plupart des traités d'électricité.

La pile au bichromate de potasse à un seul liquide se compose d'une lame de zinc qui forme l'élément négatif et de deux lames de charbon reliées ensemble composant l'élément positif. Les deux électrodes sont plongées dans une dissolution concentrée de bichromate de potasse additionnée de 1 pour cent d'acide sulfurique monohydraté. Souvent la lame de zinc est mobile et peut se relever hors du liquide lorsque la pile ne travaille pas.

La plupart des batteries de piles électriques sont aujourd'hui munies de treuils permettant de relever hors du liquide les éléments, zinc et charbon, lorsque les piles ne doivent pas fonctionner.

La pile Trouvé, à auges et à treuil, se compose d'un vase en ébonite dans lequel plongent les électrodes zinc et charbon. Le liquide excitateur contient une dissolution de bichromate de potasse et d'acide sulfurique. Elle a une constance remarquable. Elle a été proposée pour les usages domestiques et pour la navigation de plaisance.

Les piles à deux liquides sont formées au moyen de deux récipients. L'un extérieur et étanche contient un des liquides et une des électrodes; le second, placé à l'intérieur, est poreux; il reçoit l'autre liquide et l'autre électrode.

L'électrode négative, le zinc, est plongée dans une dissolution acide, l'électrode positive plonge dans le liquide dépolorisant.

Le vase poreux est constitué, soit en terre poreuse, soit en parchemin ou en tissu perméable. Il doit pouvoir résister à l'action corrosive des liquides. (Colson, p. 68.)

L'élément Daniell est le plus ancien des couples à deux liquides. Une lame de zinc plonge dans de l'eau acidulée ou salée. L'autre électrode en cuivre est en contact avec une dissolution de sulfate de cuivre. (Force électro-motrice 1 volt.)

Elément au bichromate de potasse à 2 liquides.

Le zinc plonge dans de l'eau acidulée, le charbon dans une dissolution de bichromate de potasse additionnée d'eau acidulée. Force électro-motrice $\frac{\text{volt}}{1\ 8}$ à 2 volts.

Parmi les piles à 2 liquides au bichromate de potasse, citons la pile Radiguet qui est très répandue. Ses éléments se composent d'un vase extérieur en grès contenant la dissolution de bichromate de potasse, d'une couronne en cuivre portant 3 ou 4 charbons plats disposés circulairement et réunis à leurs sommets par des pinces qui les rendent solidaires et en font comme une espèce de cylindre dentelé, puis d'un vase poreux contenant l'eau acidulée et le zinc. (*Fig.* 9.)

Le vase extérieur en grès étant d'une grande dimension renferme une notable quantité de liquide dépolarisant (bichromate de potasse) ce qui assure une grande durée de service utile. (Cosmos, 2 avril 1884).

PILES PORTATIVES POUR LAMPES, VOITURES, etc. — Plusieurs modèles de piles portatives ont été inventés et actionnent des lampes à incandescence. Elles sont à un seul liquide avec dépolarisant. Elles se composent de trois ou quatre éléments qui plongent dans le liquide lorsque la lampe est prise à la main ou suspendue. Lorsqu'on replace la lampe, les éléments sont repoussés hors du liquide et le courant cesse immédiatement.

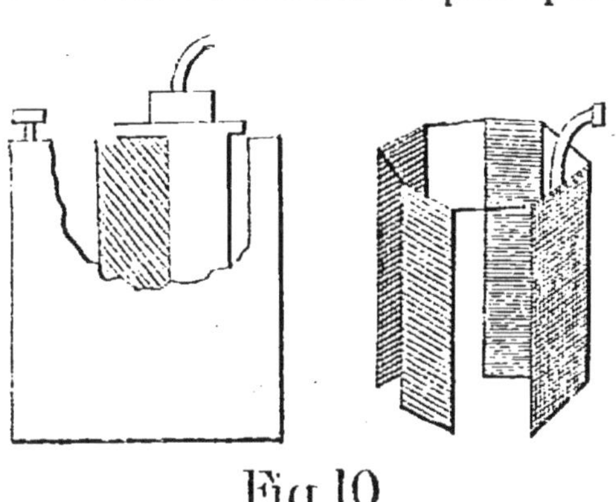
Fig. 10

Pour l'éclairage des voitures, M. Radiguet a une pile à un seul liquide formée de 6 éléments, suspendue dans une boîte par un cadre de fer à double mouvement comme la suspension à la Cardan des boussoles et des montres marines.

PILES THERMO-ÉLECTRIQUES. — Supposons deux métaux ou deux corps de natures différentes soudés entre eux par leurs extrémités. Si l'on chauffe la soudure, il se développe dans le circuit ainsi constitué un courant électrique dont le sens est déterminé par la nature des corps en présence. La force électro-motrice dépend des corps employés et elle est pour deux corps donnés, proportionnelle à la différence des températures de la soudure et du reste du circuit. Elle a une valeur relativement grande lorsqu'on emploie l'antimoine et le bismuth;

le courant est dirigé du bismuth à l'antimoine en passant par la soudure chaude.

Ces expériences sont intéressantes parce qu'elles donnent un nouvel exemple de la production de l'électricité par une action calorifique. Mais la force produite est très faible si on la compare à celles que donnent les piles hydroélectriques et les machines. (Colson p. 74).

Pour le moment les machines et les actions chimiques peuvent seules produire un courant électrique utilisable.

Plus tard, sans doute, la chaleur pourra, elle aussi, être transformée pratiquement, recueillie et transportée le long d'un conducteur comme tous les autres agents de l'énergie physique.

PILES SECONDAIRES OU ACCUMULATEURS. — Les piles dont nous avons parlé produisent un courant par la seule action des substances qui s'y trouvent en présence. On les appelle piles primaires.

Il en est d'autres qui donnent un courant lorsqu'elles ont été traversées elles-mêmes par un courant primaire provenant d'une autre source. Ce sont les piles secondaires nommées aussi accumulateurs parce que ces appareils permettent d'accumuler le travail produit par un courant primaire.

L'appareil le plus répandu parmi ces accumulateurs consiste en deux lames de plomb plongées dans de l'eau acidulée avec de l'acide sulfurique. On met ces deux lames de plomb isolées l'une de l'autre en communication avec les pôles d'une pile et au bout d'un certain temps, l'appareil est chargé, c'est-à-dire, que l'eau est assez décomposée pour qu'il se soit déposé de l'hydrogène sur les lames négatives et de l'oxygène sur les lames positives.

Alors si la pile primaire ou pile active est supprimée, on peut obtenir avec la pile secondaire un courant régulier; la combinaison qui se reproduit entre l'oxide de plomb et l'hydrogène donne une action chimique énergique et développe une source intense d'électricité.

La pile secondaire Planté a été la première application de ce principe. Les deux lames de plomb sont roulées en spirales parallèles et séparées électriquement par des bandes de caoutchouc placées de distance en distance. Elles sont contenues dans un vase en verre fermé à sa partie supérieure par un bouchon qui laisse passer les deux tiges servant à relier les deux lames de plomb avec les pôles de la source d'électricité. Force électro-motrice, 2 volts au commencement de la décharge.

Plusieurs perfectionnements ont été apportés à la pile secondaire. La force électro-motrice de tous ces accumulateurs au plomb est de 2 volts, 2, au commencement de la décharge, de 2 volts pendant la plus grande partie de sa durée, de 1 volt, 7 à la fin.

La résistance intérieure est de quelques centièmes d'ohms, suivant le développement des lames, leur écartement et la concentration de l'eau acidulée.

Avec une aussi faible résistance, on obtient une grande intensité qu'on ne pourrait avoir au moyen du même nombre de piles primaires.

La durée de la décharge est d'autant plus longue, toutes choses égales d'ailleurs, que l'intensité est plus faible.

La capacité d'accumulateurs bien conditionnés peut atteindre 4.000 kilogrammètres par kilogramme de plomb.

Le travail électrique disponible est environ 40 o/o du travail produit par la source primaire et 60 o/o du travail emmagasiné. Ces chiffres peuvent être augmentés si l'on arrête la charge au moment où les gaz commencent à se dégager. Ce serait donc

24 0/0 du travail total produit à la source qui serait transmis effectivement au point d'application ?

Pour qu'une source d'électricité puisse charger un accumulateur, il faut qu'elle ait une force électro-motrice supérieure à celle qui se développe dans celui-ci ; pourvu qu'elle ne descende pas au-dessous de cette limite, il n'est pas nécessaire qu'elle garde une valeur constante.

Il suffit de 3 ou 4 éléments Daniell ou Lalande et Chaperon pour charger un accumulateur ou plusieurs associés en dérivation. Ces appareils sont précieux pour transformer en courants intenses et réguliers des courants d'une intensité faible ou irrégulière.

Ils peuvent aussi faire office de volants dans un circuit électrique alimenté par une source à allure variable; dans ce cas, on les dispose en dérivation sur l'appareil dont on veut régulariser le travail; ils se chargent en fonctionnement normal, et ils se déchargent dans l'appareil lorsque la force électromotrice du courant commence à diminuer. (Colson, p. 105).

Par analogie, on peut les comparer au réservoir ou à la retenue à laquelle aboutit un ruisseau avant de fournir une chûte régulière sur la roue d'un moulin.

Tant que le ruisseau donne un débit régulier, a une intensité suffisante ou même supérieure, le niveau du réservoir se maintient ou s'élève et emmagasine les excédants de liquide, mais si le débit de la veine liquide vient à dépasser le volume fourni par le ruisseau, le réservoir avec lequel il est en communication rend une partie des eaux qu'il a reçues et complète la force nécessaire pour faire marcher le moulin. C'est le rôle que remplissait jadis le lac Mœris pour le débit du Nil, c'est celui que remplit le Ton le Sàp pour le Mekong.

Un réservoir ne remplit ce rôle si utile qu'autant que son niveau qui correspond à la force électro-motrice, est supérieur au niveau supérieur de la chûte à fournir.

Ce n'est pas l'électricité qu'on accumule dans ces appareils ; c'est un travail chimique dont l'importance est en raison de la quantité de matière transformée. Lorsqu'on fait passer un courant électrique dans des lames de plomb plongeant dans de l'eau acidulée..., ce métal est réduit..., une petite partie de la surface de la plaque positive se transforme en peroxyde, tandis que la négative se transforme en plomb spongieux.

Si ensuite les deux plaques sont réunies par un conducteur, ce fil est traversé par un courant qui dure tout le temps que les plaques mettent à revenir à leur état primitif et à libérer l'électricité absorbée sous forme de travail chimique. » (De Graffigny, p. 36 et 37).

CHAPITRE III.

Conducteurs de l'Electricité.

On emploie comme conducteurs de l'électricité des fils des métaux dits bons conducteurs, c'est-à-dire, opposant la moindre résistance connue à la circulation des courants électriques.

Le cuivre pur est le métal préféré généralement pour ce service. Le bronze d'aluminium est employé pour les grandes distances à cause de sa légèreté. Les fils de fer sont employés fréquemment parce que leur prix de revient est peu élevé.

On a constaté que les courants électriques peuvent produire : 1° un travail mécanique, ainsi que le prouve l'attraction exercée par un courant sur un autre courant parallèle ou l'attraction magnétique exercée sur un corps susceptible d'aimantation mis en présence d'un corps aimanté par le passage d'un courant;

2° Une action chimique ainsi que le démontre la décomposition de certains corps composés par le passage d'un courant; par exemple l'hydrogène et l'oxygène contenus dans l'eau se séparent aux deux pôles d'un courant électrique aboutissant au fond d'une cuvette et se manifestent isolément dans deux éprouvettes de cristal;

3° Une action calorifique et lumineuse prouvée par l'échauffement et même l'incandescence de certains corps traversés par le courant électrique.

Il est nécessaire que les conducteurs employés aient un diamètre suffisant pour que leur résistance au courant qui doit les traverser ne soit pas trop considérable, ne cause pas une perte de force, n'entraîne pas leur échauffement et même leur destruction.

On a déterminé les diamètres qui doivent être adoptés pour chaque conducteur selon sa nature et en raison de l'intensité du courant qui est appelé à le parcourir. Les conducteurs employés sont en bronze ou en cuivre pour l'éclairage.

Article 15 du règlement du Préfet de Police sur l'éclairage électrique :

« Chaque partie du circuit sera calculée pour que « le diamètre des fils employés soit bien propor- « tionné au courant qui devra les traverser. L'inten- « sité du courant ne devra pas dépasser deux « ampères par millimètre carré de section ».

Les extrêmités des deux conducteurs sont rattachées aux pôles de la source d'électricité. Ces pôles sont constitués fréquemment par des pitons en cuivre percés d'un trou et surmontés d'une vis. Les bouts des fils conducteurs convenablement dénudés et décapés sont engagés dans ces trous et serrés par la vis contre le métal afin que leur adhérence avec les pôles soit assurée et maintienne, leur communication avec la source de l'électricité.

Sur leur parcours, les conducteurs sont protégés par des supports garnis de matières isolantes, verre, porcelaine, caoutchouc... qui les garantissent de tout contact avec des corps ou objets pouvant détourner le courant électrique.

A l'air libre, ils sont généralement à nu. Dans l'intérieur des habitations, ils sont garnis d'une enveloppe en soie et gutta percha.

Lorsqu'ils traversent des murs, ils sont passés dans un conduit en verre ou en caoutchouc durci.

Lorsqu'ils passent sous terre ou dans l'eau ils sont entourés d'une enveloppe imperméable en caoutchouc et défendus par une armature en chanvre et fil de fer pour être protégés contre l'humidité, les frottements et les chocs auxquels ils peuvent être exposés.

Lorsqu'on peut craindre que le passage d'un courant dont la tension est variable ne produise un échauffement dans le conducteur ou dans l'appareil récepteur et ne vienne à les détruire ou à déterminer la combustion des corps voisins, on prévient ce danger en interposant dans le conducteur, — une fusée de sûreté, coupe-circuit ou cut-off.

C'est une courte section en fil de plomb qui est intercalée à la place d'une section du conducteur; si le courant devient trop violent, la chaleur fait fondre le plomb et la communication est interrompue.

Lorsqu'une rupture du fil se produit, on rétablit la communication en reliant les deux bouts du fil convenablement dénudés par un amarrage solide et serré qui établisse bien le contact métallique. On recouvre l'amarrage d'un isolant.

On a plusieurs moyens de protéger les lignes ayant des conducteurs extérieurs contre les décharges de la foudre. Citons l'un des plus connus.

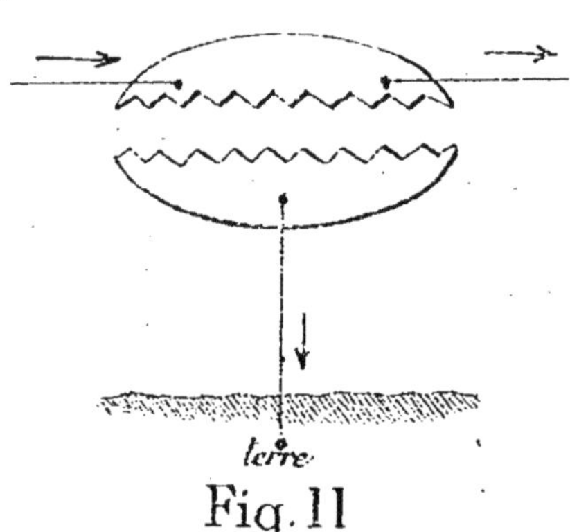

Fig. 11

« Deux plaques métalliques dentées sont en regard l'une de l'autre. L'une est intercalée dans le circuit principal, l'autre est mise en communication avec le sol. Si, pendant un orage, une décharge se produit sur la ligne, en raison de sa haute tension, l'électricité atmosphérique s'écoule dans le sol en jaillissant sous forme d'étincelles entre les deux plaques du parafoudre.» Installation de Rives chez MM. Blanchet et Kléber. (Janet, p. 304).

On a souvent besoin de diviser le courant électrique entre plusieurs conducteurs alimentés par la même source afin de répartir les effets du courant sur plusieurs points différents, de manière à ce que les actions obtenues soient indépendantes les unes des autres.

Si un seul et même conducteur amenait successivement le courant sur tous les points à desservir, une interruption ou une résistance trop forte se produisant sur un des points du parcours, le courant général serait intercepté et son action serait immédiatement annulée partout. Par exemple, lorsqu'un seul conducteur est chargé d'alimenter une série de plusieurs lampes, il suffit qu'une seule de ces lampes s'éteigne pour que toutes les autres s'éteignent en même temps. Elles sont alors solidaires les unes des autres.

Pour obtenir l'indépendance des actions diverses exercées par un courant électrique, on emploie la dérivation, méthode analogue à la répartition des eaux d'un ruisseau entre un certain nombre de canaux partiels alimentés par le même courant d'eau. La somme des débits de tous ces conducteurs dérivés est égale au débit primitif de la même source circulant dans un seul conducteur.

Si dans l'un de ces conducteurs dérivés, la circulation est interrompue, le fluide qui le parcourait se reporte dans les autres conducteurs.

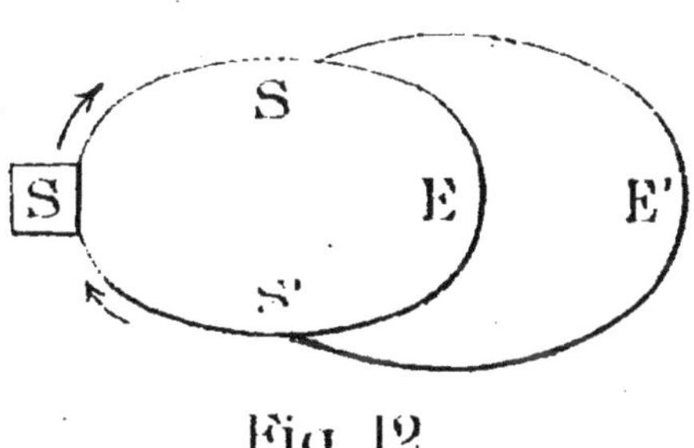

Fig. 12

Supposons qu'entre les points S et S', le conducteur unique soit remplacé par 2 conducteurs dérivés E et E'. La loi de Ohm s'applique aux 2 conducteurs dérivés considérés isolément. Appelons i' et r' l'intensité et la résistance dans le premier conducteur, i'' et r'' l'intensité et la résistance dans le second ; soit e la force électro-motrice tension entre S et S'' on a $i' = \frac{e}{r'}$, $i'' = \frac{e}{r''}$; comme e est le même dans les deux expressions, on en tire l'expression $\frac{i'}{i''} = \frac{r''}{r'}$; par conséquent les intensités des courants dans deux conducteurs dérivés sont inversement proportionnelles à leurs résistances. (Colson).

Par analogie, s'il s'agissait d'un courant d'eau réparti entre deux canaux dérivés, les débits dans chacun des ces canaux seraient proportionnels à leurs sections respectives, c'est-à-dire, inversement proportionnels aux résistances à l'écoulement du liquide.

Deux conducteurs peuvent être remplacés par un seul conducteur d'une résistance X telle que l'intensité du courant passant dans ce conducteur unique soit égale à la somme des intensités i' et i'' qui passent dans les conducteurs dérivés.

On a donc $i = i' + i''$ et $i = \frac{e}{x}$ pour le conducteur unique.

Remplaçons i, i', i'', par leurs valeurs $\frac{e}{x}$, $\frac{e}{r'}$, $\frac{e}{r''}$, on obtient :

$$\frac{o}{x} = \frac{e}{r'} = \frac{e}{r''} \text{ ou } \frac{1}{x} = \frac{1}{r'} = \frac{1}{r''} \quad \text{et} \quad x = \frac{1}{\frac{1}{r'} + \frac{1}{r''}}$$

Cette relation permet de calculer la résistance d'un conducteur unique équivalent à deux conducteurs dérivés. Elle peut s'appliquer à un nombre quelconque de conducteurs dérivés. (Colson).

La dérivation peut être employée dans un grand nombre de circonstances, notamment lorsque l'on se sert de l'électricité pour entretenir plusieurs foyers lumineux. La circulation peut être interrompue dans l'un des conducteurs dérivés sans que les lampes alimentées par les autres conducteurs risquent de s'éteindre.

CHAPITRE IV

Récepteurs. Applications diverses de l'Electricité

Le courant électrique peut produire toutes les transformations de l'énergie, qui est « l'ensemble de toutes les forces que la nature met à notre disposition.» (Colson).

Il est employé le plus communément à la production de la lumière, aux transports de force, à la traction des véhicules, à la télégraphie, à la transmission des ondes sonores, (téléphones, phonographes), à la manifestation de températures élevées, à produire des réactions chimiques. Les médecins en font un usage de plus en plus fréquent.

Lumière. — La chaleur dégagée par le passage du courant dans une portion du circuit peut déterminer plusieurs phénomènes lumineux :

1° L'arc voltaïque qui jaillit entre deux charbons parcourus par le courant lorsqu'on les écarte l'un de l'autre ;

2° L'incandescence qui se produit au contact de deux corps médiocrement conducteurs ;

3° L'incandescence pure sans combustion qui se manifeste dans un filament résistant plongé dans un milieu non comburant, comme l'azote, les carbures, le vide.....

L'arc voltaïque peut être produit par des courants continus ou par des courants alternatifs; pourvu qu'ils aient une force électro-motrice et une intensité suffisantes.

Avec les courants alternatifs, l'usure des charbons est la même; les deux pointes émettent la même quantité de lumière.

Avec les courants continus, le charbon positif s'use environ deux fois plus vite que le négatif ; il se taille en cratère, le négatif se taille en pointe ; le cratère positif donne une lumière intense, 2/3 de la lumière totale fournie par la source. (Colson p. 125).

A mesure que les charbons s'usent, leur distance augmente. On a imaginé divers moyens mécaniques de maintenir entre eux un écartement constant.

La disposition la plus simple consiste à réunir les deux charbons parallèlement et à les faire parcourir par des courants alternatifs. Les charbons s'usent également, l'écartement des extrêmités est toujours le même. Ces appareils sont appelés bougies électriques. Le type le plus connu est la bougie Jablosch Koff.

Cette bougie se composé de deux crayons de charbon parallèles séparés par un mastic isolant qui, léché par l'arc, fond à mesure de l'usure des charbons en devenant incandescent.

L'arc voltaïque s'emploie surtout lorsque l'on a besoin de centres lumineux puissants pour éclairer de vastes espaces, des places publiques, des ateliers...

Lorsque la lumière doit être répartie dans des locaux d'une faible étendue, on se sert de lampes à incandescence.

Mais cette division entraîne une perte de travail. Les lampes à incandescence ne rendent que le septième 1/7 de l'intensité lumineuse de l'arc voltaïque pour une égale quantité de travail dépensé.

Après de nombreux essais, on a adopté pour ces lampes des fils de charbon très minces renfermés dans des ampoules en verre où l'on a fait le vide. Le charbon est fixé par ses extrêmités à deux fils de platine qui traversent la fermeture des ampoules pour être mis en contact avec les conducteurs du courant. Le charbon s'échauffe sans se consumer et donne une lumière brillante.

Ces lampes dont il existe de nombreux modèles peuvent servir longtemps avant d'être détruites.

Elles se vendent à des prix modérés et portent l'indication du nombre de volts auquel elles peuvent fonctionner ainsi que celle de la quantité de lumière qu'elle doivent produire avant d'être mises hors de service. Les plus connues sont les lampes Edison, Swan, Maxim.......

Les quantités de lumière qu'elles peuvent produire sont exprimées généralement en France par le nombre de bougies allumées auxquelles elles correspondent et en Angleterre par le nombre de Candles.

L'unité d'intensité lumineuse adoptée chez nous est le Carcel brûlant 42 grammes d'huile de colza épurée par heure. Le candle vaut à peu près le 1/10 du carcel. D'autres valeurs de bougies sont adoptées dans les pays étrangers.

Pour avoir une unité scientifique déterminée, on a choisi comme étalon la lumière émise par l. c. q. de platine chauffé à la température de fusion. Cet étalon équivaudrait à 2 carcels. (Colson).

Pour installer des lampes alimentées par une source d'électricité, on emploie trois dispositions principales :

1° Le montage en séries ;

2° Le montage en dérivation ;

3° Les montages mixtes, un certain nombre de lampes en série, les autres en dérivation.

Dans le montage en série, toutes les lampes sont sur le même circuit ; le conducteur communique successivement avec les fils de chaque foyer comme dans la figure ci-dessous.

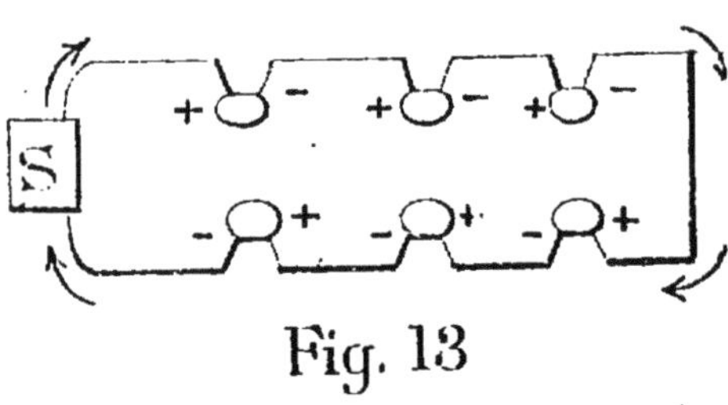

Fig. 13

Lorsqu'une lampe s'éteint, la circulation est interrompue pour toutes les autres qui s'éteignent aussi. On a remédié à cet inconvénient, par des appareils au moyen desquels un court-circuit s'établit au pied de la lampe qui s'éteint lorsque le filament est rompu. Le courant continue à circuler et alimente les autres foyers.

Dans le montage en dérivation, des conducteurs dérivés sont branchés sur le conducteur principal et viennent amener le courant, soit à chaque lampe, soit à chaque groupe de lampes réparties sur les conducteurs dérivés par 2, par 3, par 4...

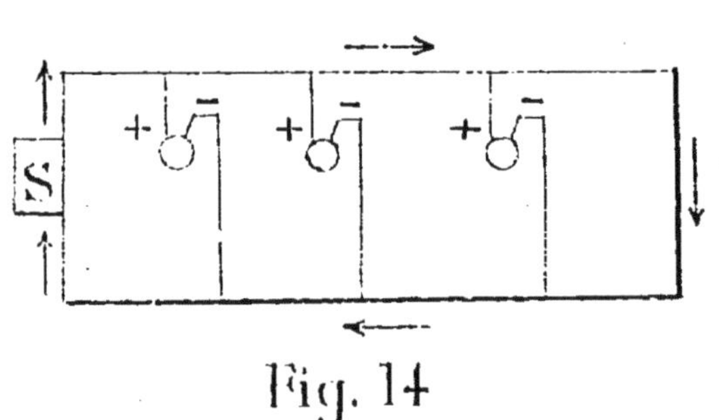

Fig. 14

Dans les montages mixtes, une partie des lampes sont montées en séries, les autres en dérivation.

Les diverses combinaisons que l'on peut adopter sont très variées. Elles dépendent de la disposition des lieux à éclairer et des ressources dont on dispose pour organiser un système d'éclairage.

Par des dispositions mécaniques simples et ingénieuses, on arrive aussi à éclairer successivement avec le même courant toutes les pièces d'un appartement à mesure que l'on passe de l'un dans l'autre. Ainsi le propriétaire qui circule le soir dans sa maison n'a pas besoin de porter une bougie; il presse en entrant dans chaque chambre les boutons des commutateurs placés sur sa route et un faisceau lumineux le précède tandis que l'obscurité règne derrière lui.

TRANSPORTS DE FORCE. — Nous avons vu par la description sommaire des machines dynamos qu'en leur communiquant une rotation rapide, on obtenait de puissants courants électriques dits courants induits.

Ces courants, reçus par des fils conducteurs d'une capacité suffisante, transmettent à une autre machine identique la rotation qui aurait été imprimée à la première dynamo par un moteur mécanique.

En effet, les machines électriques sont reversibles, c'est-à-dire qu'on peut les employer comme moteurs en leur fournissant un courant convenablement approprié.

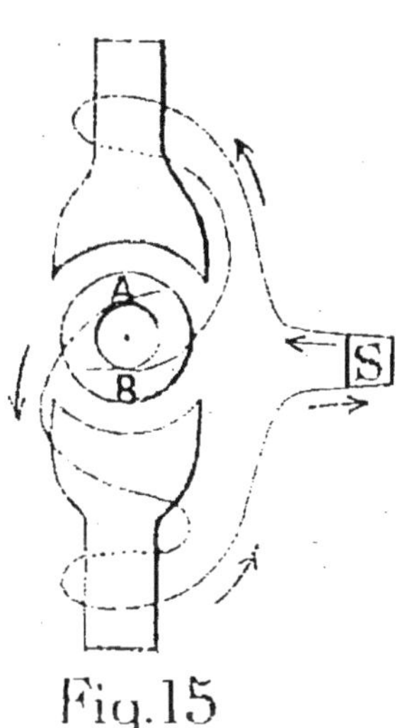

Fig. 15

L'effet de ce courant est conforme à la loi de Lenz; le mouvement que prend la pièce mobile, induit ou inducteur, est de sens contraire à celui qu'il faudrait lui donner, si on l'employait comme source d'électricité, pour produire un courant de même sens que celui qui lui est fourni. » (Colson, p. 143).

Ainsi supposons qu'en faisant tourner une machine dans un certain sens, elle engendre un courant de A en B, dans le circuit extérieur.

Si l'on supprime la force mécanique qui agit sur la machine et qu'on intercale dans le circuit extérieur une source S d'électricité, disposée de manière à faire passer dans le circuit et dans la machine le même courant qu'auparavant, la machine prend un mouvement en sens contraire du premier. Il résulte de ce changement de sens dans la rotation de la machine une production de force électro-motrice de sens contraire à celle qui est développée dans la source, elle est dite force contre-électro-motrice.

« Quand, à l'aide d'une source quelconque, on fait passer un courant électrique dans une dynamo, l'expérience montre que l'induit prend un rapide mouvement de rotation. C'est là ce qui constitue le phénomène de la reversibilité. Ainsi une dynamo qui produit de l'énergie électrique quand on lui fournit de l'éner ie mécanique, peut produire de l'énergie mécanique quand on lui fournit de l'énergie électrique... » « Ces deux faits sont liés par le grand principe de la conservation de l'énergie... » (Janet, p. 250).

En actionnant une dynamo par une chûte d'eau, on obtient un courant électrique qui peut être transmis à distance à une autre dynamo semblable dont l'induit reçoit par les fils conducteurs le courant produit au point de départ et alors elle est animée par un mouvement de rotation résultant de celui de la première dynamo.

Ainsi dans toutes les circonstances, le passage d'un courant électrique crée un champ électrique d'une puissance déterminée dans certaines limites.

Ce champ électrique, lorsqu'il est à portée de certains corps bon conducteurs possédant une certaine électricité latente, polarise ces corps, leur constitue deux ou plusieurs pôles desquels s'échappent des courants dirigés en sens contraire des courants originels.

En un mot, une force électro-motrice engendre une force contre-électro-motrice de même qu'une action mécanique agissant dans un sens déterminé, engendre une réaction égale et de sens contraire lorsqu'elle se heurte à un obstacle.

La polarisation des piles voltaïques, de même que la création d'une force contre-électro-motrice dans les dynamos récepteurs, nous semble résulter d'un seul et même principe.

C'est le jeu libre et harmonieux des forces existant dans la nature qui se produit et se répète indéfiniment selon des lois toujours respectées que l'analogie nous fait retrouver dans des circonstances bien diverses.

Qui n'a vu, dans nos ports du littoral, dans un sas ouvert du côté de la pleine mer et revêtu de pierres de taille, les lames du large s'engouffrer, les unes après les autres, aller se briser contre la paroi opposée, puis rebondir en sens contraire vers l'entrée du bassin, croisant indéfiniment leurs ondulations progressivement affaiblies avec celles qui arrivent de l'Océan. Et incessammnt, tant que la force primitive des vagues agite les eaux du bassin, des ondulations successives se précipitent contre les murs de granit, se brisent et reviennent en arrière se croisant dans un ordre admirable et faisant briller à la surface liquide des milliers de facettes mobiles. (Sas éclusé du Hâvre).

De même les ondes électriques se croisent dans les milieux conducteurs, se brisent et se divisent en se heurtant aux obstacles qu'elles rencontrent, et, dans un désordre apparent, se conforment toujours à des lois rigoureuses.

Ces lois, déduites d'observations, de comparaisons et d'analogies, ont encore un caractère hypothétique évident, quoique la plupart aient été confirmées par des expériences sans nombre.

En constatant la simplicité de la théorie du transport de la force, quelques praticiens ont pu croire que l'on allait obtenir facilement et à bon marché la solution de la plupart des problèmes de la mécanique industrielle. Ainsi lorsqu'Archimède eût formulé les propriétés du levier, il s'était écrié : avec un point d'appui, je soulèverais le monde !

M. Janet met sagement en garde ses lecteurs contre ces entraînements bien naturels. Le transport de la force par l'électricité donne des résultats variables, souvent très réduits, il est quelquefois très onéreux.

Avant d'installer un transport de force par l'électricité, il faut s'assurer que l'amortissement et l'intérêt des dépenses à effectuer, outre l'entretien des appareils, ne dépasseront pas les frais qui seraient occasionnés par l'installation d'une machine à vapeur donnant la même puissance au point d'application de la force.

Nous n'entreprendrons pas l'examen détaillé des appareils de transmission de la force actuellement employés. Ils reposent sur un seul et même principe et sont très nombreux, très variés et très ingénieux.

« Ils ont un grand rôle à remplir, car la France, d'après les calculs les plus récents, possède environ dix millions de chevaux-vapeur hydrauliques non utilisés, c'est à dire, plus de trois Niagaras; c'est là une richesse considérable, si l'on réfléchit que les mines d'énergie mécanique, si l'on peut s'exprimer ainsi, sont aussi précieuses que les mines de houille, de fer ou de cuivre. » (Conférence de M. P. Janet).

On est conduit, avant l'installation d'un dynamo, à rechercher quel sera son rendement.

« On appelle rendement industriel ou commercial le rapport qui existe entre la puissance électrique recueillie à l'extérieur de la machine et la puissance mécanique totale qu'elle absorbe.

Soient e la différence de potentiel aux bornes de la machine, I le courant extérieur qu'elle fournit.

La puissance électrique utilisable à l'extérieur de la machine est alors $e \times I$ et le rendement industriel est $\frac{e \times I}{\text{puissance mécanique}}$.

La puissance mécanique employée à faire tourner la machine devra être mesurée, comme la puissance électrique, en Watts.

Le rendement industriel d'une bonne machine varie de 0,80 à 0,85. — Il est donc très élevé et l'on peut dire que la machine dynamo-électrique est un appareil très parfait de transformation d'énergie. » (Janet p. 206).

« On appelle rendement brut d'une machine le rapport qui existe entre la puissance électrique totale et la puissance mécanique dépensée.

« On appelle rendement électrique d'une machine le rapport qui existe entre la puissance électrique utilisable à l'extérieur et la puissance électrique totale.

. . . .

« Le rendement électrique peut atteindre des valeurs très élevées (0,95 à 0,97). C'est en général ce rendement que les constructeurs indiquent sur leurs catalogues. » (Janet, p. 216).

Travail total produit par une source, travail extérieur et rendement.

Soient : E la force électro-motrice totale ;
e la force électro-motrice aux bornes ;
I l'intensité du courant ;
r la résistance intérieure de la source;
r' la résistance du circuit extérieur ;
T le travail électrique total ;
t le travail électrique dans le circuit extérieur ;

On a $E = I(r + r')$ et $I = \frac{E}{r + r'}$ et $e = I\,r' = \frac{E\,r'}{r + r'}$ $T = E\,I = \frac{E^2}{r + r'}$ $t = e\ I = \frac{E^2\,r'}{(r + r')^2}$ d'où $\frac{t}{T} = \frac{e}{E}$ $= \frac{r'}{r + r'}$, l'expression $\frac{t}{T}$ représente le rendement de la source.

Le travail total, le travail extérieur et le rendement augmentent lorsque la résistance intérieure de la source diminue. Le travail extérieur est maximum, lorque $r' = r$; c'est-à-dire lorsque la résistance extérieure est égale à la résistance intérieure.

Cette valeur maximum du travail intérieur est égale à $\frac{E^2}{4\,r}$ qui représente le quart du travail de la source sur un circuit extérieur de résistance nulle. A cette valeur correspond $T = \frac{E^2}{2\,r}$ $t = 1/2\ T$. On a aussi $e = \frac{E}{2}$ et $I = \frac{E}{2\,r}$.

Traction. — On a de bonne heure essayé d'employer les machines électriques à la traction des voitures et des wagons. Des expériences avaient été faites à l'exposition de Paris de 1878 et n'avaient pas donné de résultats absolument satisfaisants dans la pratique. Depuis, la plupart des difficultés rencontrées ont été habilement surmontées et plusieurs lignes de tramways électriques fonctionnent régulièrement en France, notamment à Paris et à Lyon. A l'exposition qui vient d'avoir lieu dans cette ville, trois systèmes différents ont marché avec un réel succès.

« Les Etats-Unis sont le pays par excellence de la traction électrique. En janvier 1893, plus de 7000 kilomètres de tramways, comprenant 500 lignes et 9000 véhicules électriques étaient en exploitation régulière. » (Janet, congrès de Besançon).

Nous lisons dans le *Petit Journal* du 14 octobre dernier, la note ci-après :

« Les fiacres électriques. — Cette fois encore, c'est l'Amérique qui donne l'exemple à la vieille

Europe, quant à ce nouveau moyen de locomotion. Depuis quelque temps Chicago possède des fiacres électriques. Dans le nouveau véhicule, la force motrice est due à une batterie d'accumulateurs placée sous le siège du conducteur. La vitesse est de quinze à vingt kilomètres à l'heure. »

Enfin plusieurs ingénieurs et parmi eux M. Heilmann ont étudié la construction de locomotives électriques pour nos grandes lignes de chemins de fer. La force produite à la machine à vapeur est reçue par une dynamo et transmise à une autre dynamo qui actionne les essieux. Ce mode de transmission n'engendre plus les secousses, les trépidations et les mouvements de lacet auxquels donnait lieu la transmission mécanique par la bielle et la manivelle. On compte, avec ce nouveau système, atteindre de grandes vitesses en prévenant les causes les plus fréquentes de déraillement.

Le courant pouvant être interrompu ou changé de direction instantanément au moyen de commutateurs, les manœuvres et les arrêts sont rapides et faciles.

On peut aussi actionner directement par de simples fils de transmission des dynamos installées sur plusieurs essieux et même sur plusieurs wagons différents, ce qui diminuerait considérablement les efforts de traction supportés actuellement par un seul essieu et par suite les risques d'avarie et de rupture.

L'emploi de la traction par l'électricité présente encore d'autres conditions de sécurité qui doivent être prise en considération.

Nous avons vu que lorsqu'une dynamo renvoie le courant produit au récepteur, le mouvement imprimé à ce dernier donne naissance à une force contraire à la première dite force contre-électromotrice.

Si les deux dynamos identiques étaient animées

de vitesses égales, elles lanceraient dans le conducteur deux forces égales et de sens contraires qui se neutraliseraient.

Dans la pratique, le courant envoyé par le moteur au récepteur est employé, non seulement à mettre ce dernier en mouvement, mais en outre à vaincre les résistances qui s'opposent à la marche du véhicule.

Le récepteur ne tourne donc que sous l'impulsion d'une partie de la force qui lui est fournie et la force contre-électro-motrice qu'il produit est très sensiblement inférieure à la force électro-motrice.

Si la vitesse du véhicule augmente sous l'influence d'une cause étrangère à l'action du moteur, si, par exemple, elle est accélérée par les lois de la pesanteur le long d'un plan incliné, d'une rampe, la vitesse du récepteur augmente en même temps, la force contre-électromotrice augmente rapidement, arrive à dépasser la force électro-motrice et finit par modérer automatiquement la vitesse du véhicule. C'est un frein qui agit utilement dès que la vitesse régulière du véhicule est dépassée. L'action régulatrice est instantanée.

Lorsqu'au contraire la résistance à la progression du véhicule augmente, lorsqu'il rencontre une montée par exemple, la vitesse du récepteur diminue, la force contre-électro-motrice diminue aussi, et tout l'effort du moteur, toute la force du courant initial est employée à surmonter l'obstacle opposé à la marche en avant de la machine.

Lorsque l'on met le générateur en mouvement, le récepteur ne marche que si le travail à vaincre est surmonté par la force développée.

La différence entre la vitesse de la génératrice et celle du récepteur indique le rendement réel de la machine.

Les divers modes d'emploi de l'électricité sont caractérisés par la force électro-motrice ou tension E et par le débit ou intensité I lesquels sont proportionnels l'un à l'autre et par la résistance R.

Si l'on veut faire un effort immédiat et considérable en employant une très grande partie de la force électromotrice fournie par la source, on doit diminuer les résistances en prenant pour règle la formule $i = \frac{e}{r}$; le fluide s'écoule rapidement et le travail produit devient plus grand. Mais l'électricité dont on dispose est vite consommée. On a obtenu le choc ou le coup de collier qui accumule l'effort du moteur, la force motrice, et la dépense en peu d'instants.

Si, au contraire, on veut produire un travail régulier pendant un temps déterminé, on oppose à l'écoulement du fluide une résistance proportionnelle au temps pendant lequel on veut l'utiliser et à l'effort auquel on veut l'employer.

L'emploi sage et économique de l'électricité se calcule et se régularise dans la pratique comme l'emploi de toutes les autres forces, comme celui de la main d'œuvre et comme celui du combustible, en raison de la nature du travail à accomplir.

On augmente le débit de la force au moment où on a une grande résistance à vaincre, où il faut faire l'effort du démarrage, par exemple; puis on le restreint lorsque l'on n'a plus qu'à surmonter les résistances faibles et régulières d'une marche normale.

MÉTALLURGIE. — Emploi de la chaleur transmise par l'électricité.

« La décomposition par l'électricité nous paraît être le terme le plus simple et le plus naturel de la métallurgie. » (Janet).

« L'arc voltaïque fournit la source de chaleur à la température la plus élevée que nous connaissions, 3000 degrés..... en utilisant la température élevée de l'arc voltaïque, M. Moissan a pu, pour la première fois, produire du carbone cristallisé, c'est-à-dire du diamant. » (Janet, *Conférences*).

Depuis, M. Moissan vient d'obtenir par le même moyen de nouveaux produits encore plus remarquables, entre autres : l'acytilène qui provoquera peut-être une nouvelle révolution dans notre éclairage.

Effets calorioues.— Lorsque le courant parcourt un conducteur, il produit de la chaleur.

Cette chaleur est proportionnelle à la résistance du conducteur et au carré de l'intensité.

D'après la loi de Joule le travail T effectué par un courant électrique peut être exprimé par la formule $T = i \times e$, le produit de la tension par l'intensité, et comme $e = i\ r$, $T = r\ i^2$.

Si on veut transformer le travail T en calories, on sait qu'il faut 424 kilog. m. pour produire 1 cal., c'est-à-dire pour augmenter de 1° centigrade la température de 1 kilog. d'eau. C étant le nombre de calories, on a $C = \frac{T}{424}$ calories ou $C = \frac{ci}{424} = \frac{r\ i^2}{424}$

« Les effets lumineux dépendent des effets calorifiques. (Colson, p. 15).

Cuisine. — On a calculé jusqu'à quel point il était possible de pousser l'échauffement d'un fil sans le fondre. Enroulé en spires multiples, plus ou moins serrées, ce fil est noyé dans une sorte de ciment ou d'émail non conducteur dont on peut revêtir, soit l'intérieur d'un four affectant les formes les plus variées, soit les parois ou le fond d'une marmite, d'une casserolle ou d'un plat.

On a dès lors une source électrique de chaleur réglable à volonté, rien qu'en tournant un bouton, qu'on peut appliquer à n'importe quel usage, depuis le gril, la bouillotte, la rôtissoire et le bain Marie, jusqu'à l'allumoir au fer à friser et au fer à repasser. Le tout sans escarbilles, cendres, suies, vapeurs, gaz ni fumées d'aucunes sortes, sans le moindre danger d'incendie, d'explosion ni d'asphyxie. Le commutateur qui commande le système pouvant être impunément confié, à la différence des allumettes et des armes à feu, aux mains d'un enfant. » (Emile Gautier, *Petit Journal*, 29 octobre 1894).

EMPLOI DE L'ÉLECTRICITÉ EN MÉDECINE. — Depuis longtemps les médecins qui font appel à toutes les forces de la nature pour combattre les faiblesses et les désordres de notre organisation, ont appliqué l'électrité au traitement de diverses maladies. Souvent ils en ont obtenu des résultats extraordinaires.

Une de ces applications les plus remarquables et les plus simples de l'électricité est celle qui vient d'être préconisée récemment et qui a pour but de fortifier les muscles de notre corps et de suppléer aux exercices gymnastiques.

« Sous l'influence répétée du courant électrique, auraient reconnu des observateurs Yankees, le poids des muscles d'un sujet quelconque ne tarde pas à s'accroître en des proportions importantes, pouvant atteindre jusqu'à quarante pour cent. »

Et l'article très concluant dans lequel cette assertion est reproduite rappelle que M. Brown-Sequard, dans une lettre du 8 juillet 1890 à M. Emile Gautier, affirmait avoir fait sur lui-même des expériences très précises et avoir obtenu des résultats très remarquables en augmentant les forces et les dimensions des muscles d'une jambe, par une faradisation de dix minutes, faite quotidiennement pendant une dizaine de jours...

« En vertu de cette loi biologique connue et maintes fois vérifiée qui veut que tout organe accomplissant une besogne déterminée se développe par cela même qu'il exécute sa tâche particulière, le muscle, contracté sous l'influence d'une excitation électrique, se comporte exactement de la même manière que s'il eût été sollicité de toute autre façon.... » (Georges Vittaux, *Petit Marseillais*, 10 février 1895).

Sans examiner davantage les divers emplois de l'électricité, nous dirons un mot de son rôle dans la télégraphie moderne.

Le télégraphe électrique existe aujourd'hui dans tous les pays. Toutes les villes, tous les bourgs, tous les centres de quelque importance sont reliés entre eux.

Les postes télégraphiques fonctionnent à toutes les gares de chemins de fer et leurs dépêches, plus rapides que les locomotives, préviennent du passage des trains et des manœuvres à faire pour dégager la voie devant eux.

Des câbles traversent les Océans, portent les nouvelles d'un continent à l'autre et annoncent aux navires en partance l'approche des tempêtes qui se forment en travers de leurs routes.

C'est un immense réseau à mailles serrées qui recouvre la terre et qui réunit sous sa protection tous les intérêts humains.

Mais combien de gens en abusent, depuis le politicien malhonnête qui jette de fausses dépêches en circulation, surexcite les passions des peuples et les précipite dans des guerres d'extermination sans but utile, jusqu'au froid calculateur qui accapare les sources d'information, garde la primeur des renseignements pour lui, trompe ses voisins et remplit sa bourse à leurs dépens.

Les brigands qui dévalisaient jadis les pauvres voyageurs au coin des bois envisageraient certainement avec mépris le spéculateur gorgé d'or qui, sans avoir couru aucuns risques, reste embusqué au coin de son feu et dépouille impunément, en faisant tour à tour la hausse et la baisse, ses malheureuses victimes conduites à la ruine par de fausses indications.

C'est l'éternel drame des vautours et des pigeons.

Qui pourrait faire la police dans ce grand coupe-gorge où tous les rangs de la société sont confondus dans une effroyable mêlée, où les combattants luttent par tous les moyens pour le pouvoir et la richesse!

A la vue de ce chaos dans lequel se débattent quelques honnêtes gens, comment ne pas en appeler au juge suprême, très bon et très grand, *Deo optimo maximo*.

La disposition très ingénieuse à laquelle nous sommes redevables de tant de bons et de mauvais services est la suivante:

Le plus ancien et le plus simple des télégraphes électriques est l'appareil à cadran, encore employé par nos chemins de fer.

Dans les deux stations qui doivent être mises en correspondance existent un manipulateur pour expédier les dépêches et un récepteur pour les recevoir. Chaque manipulateur est relié par un fil au récepteur correspondant.

Le courant électrique est fourni au fil par une pile électrique S placée à côté du manipulateur. Elle fournit le courant positif au fil conducteur tandis que le courant négatif est dirigé vers la terre qui sert à fermer le circuit des deux côtés ce qui économise l'emploi d'un second fil conducteur.

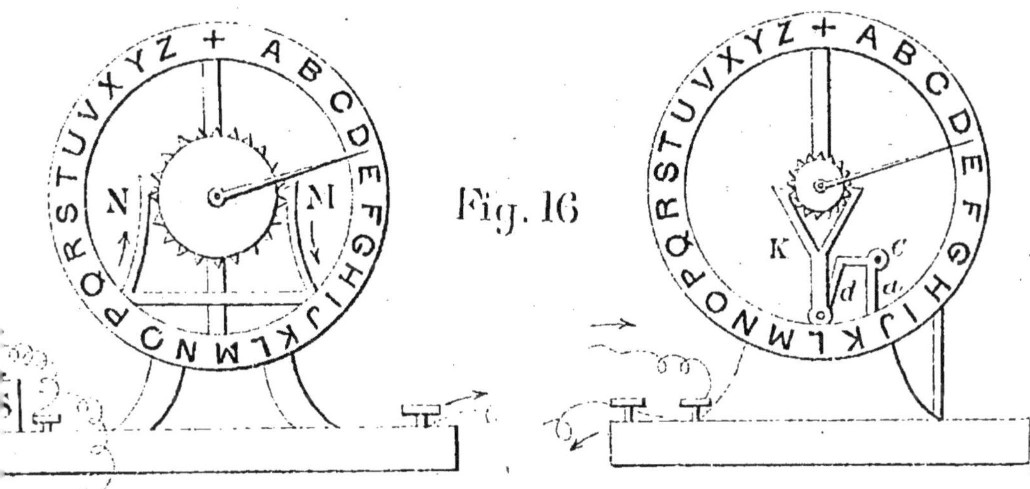

Fig. 16

Le manipulateur et le récepteur sont munis chacun d'un cadran portant les 25 lettres de l'alphabet et au sommet une croix + indiquant la fin de chaque mot. Au centre de chaque cadran est une aiguille montée sur un cercle en cuivre muni d'autant de dents qu'il y a de lettres sur le cadran. Les deux aiguilles au repos sont arrêtées sur la croix d'arrêt.

Lorsqu'on veut envoyer une dépêche, l'expéditeur chargé du manipulateur prend la manivelle et établit la communication de la source d'électricité avec la ligne télégraphique en faisant tourner la manivelle et l'aiguille du manipulateur jusqu'à ce qu'elle soit placée sur la lettre à signaler.

Un ressort en acier N met le courant en communication avec la roue dentée du manipulateur qui, du côté opposé, est en contact avec un autre ressort M lequel, à chaque intervalle d'une lettre, transmet le courant à la ligne, puis l'interrompt par une solution de continuité. *Fig.* 16.

Ce courant, transmis par le conducteur jusqu'au poste récepteur arrive à celui-ci dans une bobine B située derrière l'appareil récepteur et aimante l'électro-aimant que celle-ci entoure.

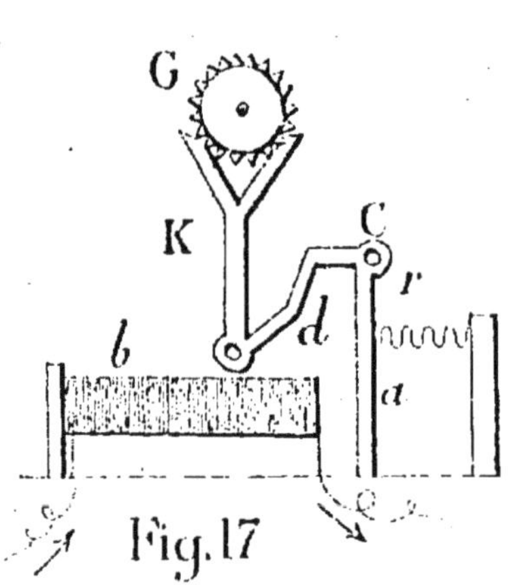

Fig. 17

Cet électro-aimant attire un levier A C en fer doux qui reprend sa position première lorsque le courant est interrompu sous l'effort du ressort R auquel il est fixé.

Ainsi à chaque contact et à chaque interruption, la lame C A a un mouvement de va et vient pendant lequel elle imprime un mouvement correspondant par le levier D à la fourchette K, laquelle entraîne la roue C au moyen de boulons engagés dans ses dents.

A chaque lettre parcourue par l'aiguille du manipulateur, l'appareil que nous venons de décrire sommairement fait tourner la roue d'un secteur correspondant à l'une de ses 25 dents, c'est-à-dire à l'intervalle d'une lettre. La roue G porte une aiguille qui, partant du même point d'arrêt que l'aiguille du manipulateur, vient se fixer à chaque mouvement sur la lettre signalée au point de départ de la dépêche.

Une sonnerie dite trembleuse que nous avons décrite précédemment peut être introduite dans le même circuit et appelle l'attention au poste récepteur dès que le courant est lancé dans le fil conducteur.

Avec ce système, il faut reproduire successivement toutes les lettres d'un mot, puis la croix qui indique la fin du mot, et ainsi de suite jusqu'à ce que la dépêche soit terminée; alors on répète deux fois la croix sur laquelle les deux aiguilles restent en repos.

Ce mode de transmission exige beaucoup de temps; on emploie plus généralement aujourd'hui le télégraphe électrique écrivant de Morse qui reproduit par des traits et des points alternés toutes les lettres de l'alphabet sur une bande de papier qui se déroule au moyen d'un mouvement d'horlogerie pendant la transmission de la dépêche.

Les points et les lignes se reproduisent au poste récepteur selon que l'employé expéditeur appuie plus ou moins longtemps sur la touche qui établit le courant entre les deux postes. S'il ne donne qu'un choc, un point se produit, si le contact se prolonge un peu, un trait s'inscrit sur la dépêche.

Plusieurs autres systèmes sont employés et permettent d'obtenir une transmission plus rapide. On est arrivé à décupler le nombre des dépêches qui étaient transmises en une heure par le système Morse.

Téléphone. — En 1876, le professeur Bell, de Philadelphie, inventa le téléphone au moyen duquel on transmet la parole à de grandes distances avec le concours de l'électricité.

A propos de cette invention, rappelons la note suivante qui fut publiée en 1854 :

« On sait que le principe sur lequel est fondée la télégraphie électrique est le suivant : un courant électrique, passant dans un fil métallique, arrive autour d'un morceau de fer doux qu'il convertit en aimant.

« Dès que le courant n'a plus lieu l'aimant cesse d'exister.

« Cet aimant qui prend le nom d'électro-aimant, peut donc tour à tour attirer, puis lâcher une plaque mobile qui, par son mouvement de va et vient, produit les signaux de convention employés dans la télégraphie.

« Quelquefois on utilise directement ce mouvement et on lui fait produire des traits ou des points sur une bande qui se déroule par un mouvement d'horlogerie. Les signaux de convention sont alors formés par des combinaisons de ces traits ou de ces points. Tel est le télégraphe américain qui porte le nom de Morse, son inventeur.

Tantôt on convertit ce mouvement de va et vient en un mouvement de rotation.

« On a alors soit les télégraphes à cadran des chemins de fer, soit les télégraphes de l'Etat qui, au moyen de deux fils et de deux aiguilles indicatrices, reproduisent tous les signaux du télégraphe aérien autrefois en usage.

« Imaginons maintenant qu'on dispose sur un cercle horizontal mobile les lettres, les chiffres, les signes de ponctuation, etc... on conçoit que le principe énoncé pourra servir à choisir à distance tel ou tel caractère, à en déterminer le mouvement et par conséquent à l'imprimer sur une feuille placée à cet effet. Tel est le télégraphe imprimant.

« On a été plus loin. Au moyen du même principe et d'un mécanisme assez compliqué, on est parvenu à ce résultat qui, de prime abord, semblerait tenir du prodige ; l'écriture elle-même se reproduit à distance, et non seulement l'écriture, mais un trait, une courbe quelconque, de sorte qu'étant à Paris, nous pouvons dessiner un profil par les moyens ordinaires, et le même profil se dessine en même temps à Francfort. (P. Secchi).

« Les essais faits en ce genre ont réussi ; les appareils ont figuré aux expositions de Londres. Il y manque néanmoins quelques perfectionnements de détail.

« Il semblerait impossible d'aller plus loin dans les régions du merveilleux. Essayons cependant de faire quelques pas de plus encore. Je me suis demandé par exemple, si la parole elle-même ne pourrait pas être transmise par l'électricité ; en un mot, si l'on ne pouvait pas parler à Vienne, et se faire entendre à Paris. La chose est praticable, voici comment : Les sons, on le sait, sont formés par des vibrations et apportés à l'oreille par ces mêmes vibrations reproduites dans les milieux intermédiaires.

« Mais l'intensité de ces vibrations diminue très rapidement avec la distance, de sorte qu'il y a, même au moyen des portevoix, des tubes et des cornets acoustiques, des limites assez restreintes qu'on ne peut dépasser.

« Imaginez que l'on parle près d'une plaque mobile assez flexible pour ne perdre aucune des vibrations produites par la voix ; que cette plaque établisse et interrompe successivement la communication avec une pile, vous pourrez avoir à distance une autre plaque qui exécutera en même temps exactement les mêmes vibrations.

« Il est vrai que l'intensité des sons produits sera variable au point de départ où la plaque vibre par la voix, et constante au point d'arrivée où elle vibre par l'électricité, mais il est démontré que cela ne peut altérer les sons.

« Il est évident d'abord que les sons se reproduiraient avec la même hauteur dans la gamme.

« L'état actuel de la science de l'acoustique ne permet pas de dire, à priori, s'il en sera tout à fait de même des syllabes articulées par la voix humaine. On ne s'est pas encore suffisamment occupé de la manière dont ces syllabes sont produites. On a remarqué, il est vrai, que les unes se prononcent des dents, les autres des lèvres, etc... mais c'est là tout.

« Quoiqu'il en soit, il faut bien songer que les syllabes se reproduisent exactement, rien que par les vibrations des milieux intermédiaires; reproduisez exactement ces vibrations et vous produirez exactement ces syllabes.

« En tous cas, il est impossible dans l'état actuel de la science, de démontrer que la transmission électrique des sons est impossible. Toutes les probabilités, au contraire, sont pour la possibilité.

« Quand on parla pour la première fois d'appliquer l'électro-magnétisme à la transmission des dépêches, une homme haut placé dans la science traita cette idée de sublime utopie, et cependant aujourd'hui on communique directement de Londres à Vienne par un simple fil métallique.

« Cela n'était pas possible, disait-on, et cela est.

« Il va sans dire que des applications sans nombre et de la plus haute importance surgiraient immédiatement de la transmission de la parole par l'électricité.

« A moins d'être sourd et muet, qui que ce soit pourrait se servir de ce mode de transmission qui n'exigerait aucune espèce d'appareils.

« Une pile électrique, deux plaques vibrantes et un fil suffiraient.

« Dans une foule de cas, dans de vastes établissements industriels, par exemple, on pourrait, par ce moyen, transmettre à distance tel ordre ou tel avis, tandis qu'on renoncera à opérer cette transmission par l'électricité, aussi longtemps qu'il faudra procéder lettre par lettre à l'aide de télégraphes exigeant un apprentissage et de l'habitude.

« *Quoiqu'il arrive, il est certain que dans un avenir plus ou moins éloigné, la parole sera transmise à distance par l'électricité.*

« J'ai commencé les expériences ; elles sont délicates et exigent du temps et de la patience ; mais les approximations obtenues font entrevoir un résultat favorable. » (Paris, 18 août 1854, Charles Bourseul).

Ce rapport était précédé d'un article du savant directeur de *l'Illustration,* qu'on me permettra de citer :

« En 1848, un jeune homme savant et modeste, enlevé à ses études paisibles, devenait soldat de l'armée d'Afrique ; mais, passionné pour la science, et doué d'une de ces intelligences privilégiées qui permettent d'en atteindre toutes les hauteurs, il ne se désespérait pas.

« Je n'ai plus mes professeurs, disait-il, mais j'ai encore mes livres ; ils seront mes amis, mes guides, mes consolateurs.

« En 1849 enfin, le jeune Charles Bourseul, fils d'un officier de l'armée et soldat lui-même au 43e de ligne, faisait à ses camarades de la garnison d'Alger un cours de mathématiques qui attirait sur lui l'attention et le bienveillant intérêt de M. le

Gouverneur général de l'Algérie. Personne n'avait recommandé le simple soldat au général; il s'était recommandé de lui-même, et le général, reconnaissant son mérite, lui avait généreusement tendu une main protectrice et amie.

« Il y a dans ce fait un touchant éloge du soldat et du général.

« Aujourd'hui, libéré du service militaire, M. Charles Bourseul habite Paris et c'est lui qui est l'auteur de l'article curieux que l'on va lire. Nous lui souhaitons tout le succès que lui-même il ose entrevoir, et nous serions heureux de le voir attacher son nom à la meilleure découverte de la transmission électrique de la parole. L'électricité a fait depuis peu tant de miracles! Pourquoi ne ferait-elle pas encore celui-là, en dépit de l'Académie, où l'on traite de folie ou, quand on veut être poli, d'utopie tout ce qui n'a pas encore été appliqué? ce qui est encourageant, il faut l'avouer, pour les inventeurs, pour ces sublimes initiateurs, sans lesquels l'Académie ne serait qu'une collection de fossiles. Disons-le encore une fois, pour soutenir l'ardeur des génies à la recherche de l'inconnu : il n'y a rien à attendre, si ce n'est un insolent sourire, de ces tabellions de la science. Fulton et tant d'autres l'ont appris à leurs dépens; mais si vous parlez aujourd'hui à un académicien de la vapeur ou du télégraphe électrique, il vous dira que la chose était bien simple et que, si l'Académie avait voulu s'en donner la peine, la découverte eût été faite beaucoup plus tôt. Eh bien, *savantissimi doctores*, voici un problème. Lisez la note de M. Charles Bourseul.» (Paulin.)

Malgré la publicité de l'Illustration, depuis 1854, aucun écho n'est venu rappeler le nom de Charles Bourseul et ses courageux efforts pour découvrir la transmission électrique de la parole, problème dont il avait entrevu si nettement la solution!

Voici ce que dit un ingénieur de cette découverte :

« En 1876, et dans le même jour, Gray et Bell trouvèrent le principe du téléphone, le premier avec pile, le second sans pile. Edison et Hugues inventèrent ensuite le microphone, puissant auxiliaire du téléphone ». (L. Marchozzi, *Mémorial* technique, p. 376).

Les premières données publiées par Bourseul étaient-elles parvenues jusqu'à eux, ou bien la même idée s'est-elle offerte spontanément à chacun de ces esprits ardents et chercheurs placés au nombre de ceux que la Providence a chargés de précéder les hommes dans la voie du Progrès?

Lamartine a dit:

» Il y a des idées qui flottent dans l'air comme des miasmes intellectuels et que des milliers d'hommes semblent respirer en même temps. » (Christophe Colomb, p. 4, Hachette 1854).

Maintenant décrivons le téléphone dont le principe avait été exposé sommairement par Bourseul en 1854.

A chaque poste l'appareil se compose d'une enveloppe en bois terminée d'un côté par une embouchure au fond de laquelle est une plaque très mince de fer doux O. En face, très près et sans la toucher, est une bobine de fil de cuivre fin enroulée sur un noyau de fer doux s'appuyant sur un barreau aimanté A. Les deux extrémités du fil de la bobine garni et isolé sortent par l'autre bout de l'enveloppe et sont mises en communication avec le fil de la bobine d'un appareil semblable placé dans l'autre poste. Le barreau aimanté est fixé par une vis à la pièce E qui termine l'enveloppe en bois. (F. 17).

L'un des appareils sert à parler, l'autre est le récepteur. L'un des interlocuteurs parle dans l'embouchure de son appareil, l'autre écoute dans l'embouchure de l'appareil récepteur correspondant.

En parlant dans l'embouchure, les ondes sonores

font vibrer la plaque de fer doux qui se rapproche et s'éloigne de la bobine à chaque variation, s'aimantant et se désaimantant alternativement par influence. Ces variations magnétiques produisent dans le fil des courants induits qui arrivent au récepteur par les fils conducteurs.

Ces courants reproduisent dans la bobine du récepteur les variations magnétiques dûes aux vibrations de la plaque du poste expéditeur ; elles provoquent dans la plaque du récepteur des variations semblables. Les deux plaques vibrent à l'unisson et, en prêtant l'oreille devant la seconde, on entend les paroles prononcées devant la première.

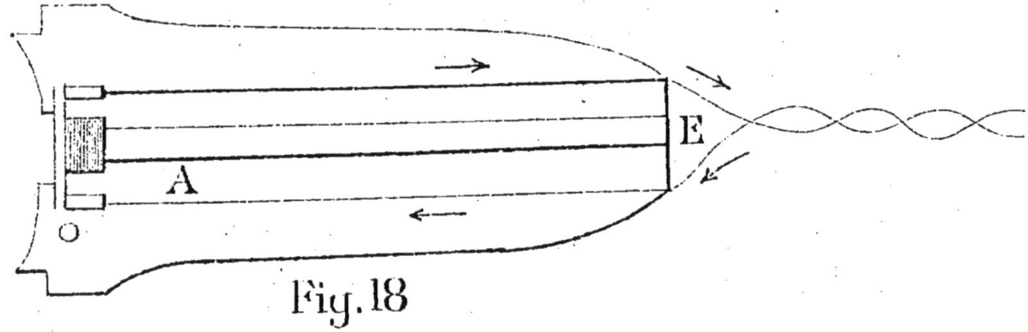

Fig. 18

Si la distance des deux postes est grande, on les relie par un seul fil et on ferme le circuit en mettant dans chaque poste l'autre fil en communication avec la terre.

D'utiles perfectionnements ont été apportés au téléphone de Bell dont les transmissions étaient fréquemment dérangées ou troublées par des déperditions ou des perturbations produites le long du conducteur, surtout lorsque la distance entre les postes était grande.

Avec l'adjonction du microphone et avec le concours de piles électriques, on est parvenu à établir des communications faciles et rapides entre des points très éloignés. On espère pouvoir transmettre prochainement la parole d'Europe en Amérique par les câbles transatlantiques et on aura réalisé toutes les espérances de Bourseul.

> « ... Nous ne savons pas davantage ce que c'est que l'Electricité. Nous ignorons son origine, sa nature, son état civil, jusqu'à son organisme intime. L'omnipotente magicienne des âges nouveaux est entourée de mystère. Cela ne l'empêche pas de nous rendre quelques menus services... » Emile Gautier « Petit Journal », 16 août 1895.

CONCLUSION

Dans cet exposé rapide, je me suis efforcé d'exposer brièvement les principales notions de la science concernant l'électricité et de mentionner les applications les plus surprenantes de cet agent dont le rôle devient de plus en plus considérable.

J'ai eu soin d'éliminer de cette étude préparatoire tous les calculs qui auraient pu compliquer un premier examen des phénomènes très variés et très remarquables qu'il est indispensable de connaître sommairement.

Quand le lecteur se sera familiarisé avec ces premiers éléments, s'il veut compléter les connaissances qu'il a acquises et passer à l'une des applications pratiques de l'électricité, il devra consulter l'un des nombreux ouvrages spéciaux qui traitent, soit de la production de la lumière, soit du transport de la force, soit de la production de la chaleur, soit de la télégraphie...

J'ai eu soin de citer les titres de ceux dont je me suis aidé pour mon travail.

Aucun champ d'études n'est plus vaste, aucun n'est plus digne d'être parcouru.

Rappelons à ce propos les paroles prononcées l'année dernière par une voix autorisée au Congrès de la Société pour l'avancement des Sciences à Caen : « Il est permis de croire que le dix-neuvième siècle qui touche à sa fin, aura mérité justement de s'appeler le siècle de l'électricité. » (Mascart, *Conférence* faite à Caen, 1894).

En résumé, l'électricité est le principal et le plus commode des agents de transformation et de transport de l'énergie.

Les deux principes les plus utilisés de la science électrique actuelle sont l'induction et la reversibilité.

L'induction est la création de courants induits dans des circuits fermés se mouvant avec rapidité dans un champ magnétique. Ce terme s'applique aussi à l'aimantation produite dans les électro-aimants influencés par le voisinage d'un champ électrique.

Elle permet de grouper des éléments de l'énergie, de les transformer en accumulant leurs puissances sous forme de courants électriques à potentiels élevés et de leur faire accomplir des travaux extraordinaires, tantôt par un effort momentané, tantôt par un travail de longue haleine, lent et régulier.

En réunissant les courants magnétiques qui semblent exister à l'état latent dans une masse de fer doux, et en les transformant en courants électriques puissants, on obtient un résultat analogue à celui que donnerait le canal collecteur dans lequel on rassemble toutes les sources au sommet d'une vallée pour les conduire en un seul cours d'eau au dessus de l'usine où l'on a besoin d'une chûte puissante.

La reversibilité est la propriété d'après laquelle l'électricité peut transformer entre elles toutes les formes de l'énergie, la force en chaleur ou en lumière et réciproquement.

« Dans la nature, rien ne se perd, rien ne se

crée ; il n'y a que des transformations successives d'une énergie initiale ; l'électricité est un des principaux agents de ces tranformations.» (Colson, p. 68).

Ce qui rend le rôle de l'électricité si utile c'est que son action peut être transférée d'un point à un un autre avec une rapidité sans pareille par un simple fil conducteur, tandis que tous les autres agents de transformation et de transport de l'énergie nécessitent pour le moindre déplacement de leur action des machines encombrantes, lourdes, coûteuses, difficiles et dangereuses à conduire, soumises aux lois de l'attraction et de la pesanteur.

L'électricité, au contraire, circule dans tous les sens le long d'un conducteur immobile du haut en bas et de bas en haut, silencieuse, discrète, transportant par son action rapide des puissances égales aux forces de plusieurs locomotives ou développant des chaleurs de plusieurs milliers de degrés.

Quel calme ! Quelle puissance en comparaison du vacarme et des faibles rendements de l'outillage compliqué d'autrefois !

L'électricité est, de toutes les forces de la nature employées par l'homme, celle qui, dirigée et appliquée selon des règles connues, peut produire avec la plus grande sécurité les résultats les plus considérables.

Il faudrait la parole enflammée d'un poète pour nous dire le rôle merveilleux que remplit l'électricité ; Méry en a dit quelques mots :

« L'infini saturé d'atômes ignés est le foyer inépuisable de l'électricité. Dieu tient dans sa main les premiers anneaux de cette chaîne motrice, et les derniers palpitent dans le cœur de tous les êtres vivants qui peuplent les mondes. L'électricité fait tourner l'univers sur son axe, comme un ballon d'enfant, et l'étincelle, partie de l'étoile polaire, arrive à la Croix du Sud au moment de son départ, en traversant un espace que les calculs de l'homme ne mesureront jamais. » (Méry, p. 216, la *Vénus d'Arles*).

Et l'électricité, cette force nouvelle imprévue, si surprenante, que l'homme manœuvre déjà avec une sécurité et une hardiesse stupéfiantes, a ce grand avantage, ce charme incomparable, de nous faire entrevoir déjà la solution d'une foule de problèmes que l'on croyait insolubles, de confirmer et de justifier la plupart des lois fondamentales de la physique.

Comme les efforts mécaniques, comme le son, comme la chaleur, tantôt elle se transmet dans certains milieux, tantôt elle réagit et se répercute, tantôt elle s'absorbe et demeure dans certains corps à l'état latent, invisible à nos yeux, impalpable à nos sens, jusqu'à ce qu'une action voulue vienne lui rendre sa liberté et la faire apparaître dans toute sa puissance.

Elle est un des liens les plus forts et les plus déliés de ce grand tout universel, si complexe et si simple dans son unité majestueuse, au sein duquel l'humanité est appelée à vivre et à goûter les joies intellectuelles de la recherche du beau et de l'infini vers laquelle l'esprit de l'homme est entraîné sans cesse par une impulsion divine.

L'humanité a devant elle un avenir immense où des découvertes sans nombre doivent successivement récompenser les travaux de ses enfants, elle voit reculer indéfiniment devant les yeux émerveillés de ceux qui la conduisent les limites des régions splendides où les esprits éclairés peuvent goûter la joie et la satisfaction d'avoir glorieusement accompli une œuvre utile, d'avoir augmenté les éléments de force et de sécurité qui sont réclamés par les sociétés modernes.

Les siècles à venir n'auront rien à envier aux temps anciens et ceux qui écriront l'histoire dans un millier d'années parleront avec autant de reconnaissance et d'admiration de Franklin, de Volta, de Faraday, d'Ampère, que d'Archimède, de Galilée, de Newton, de Pascal, de Magellan, de Vasco de Gama et de Christophe Colomb.

Chercher et découvrir sans cesse, avec humilité et reconnaissance, telle est la tâche immense que Dieu a généreusement assignée à l'homme en lui disant : « Cherchez et vous trouverez. » Ne devrait-elle pas suffire à ses aspirations les plus ambitieuses pendant son passage sur cette terre !

« ... La science de chaque génération contre disant celle de la génération précédente, ce n'est point dans la science des hommes que vous trouverez l'éternelle vérité... » (Instructions, Aiglun).

Sermorens, Voiron, juillet, 1895.

P. V.

TABLE DES MATIERES

CHAPITRE PREMIER

CHAPITRE II

CHAPITRE III

CHAPITRE IV

AUTEURS ET OUVRAGES CITÉS

Charles BOURSEUL, *Illustration*, 18 août 1854.
COLSON, capitaine du génie, traité élémentaire.
Cosmos, avril 1884.
ENGELARD, éclairage électrique.
FLAMMARION, la pluralité des mondes habités.
GANOT, cours de physique.
DE GRAFFIGNY.
HOSPITALIER, formulaire.
Illustration, 1854, 1857, 1859, 1895.
JANET, premiers principes, électricité industrielle, conférences.
Lord KELVIN, *Illustration*, 6 juillet 1895.
LAMARTINE, Christophe Colomb.
MARÉCHAL, *Illustration*, 1857.
L. MAZOCCHI, mémorial technique universel.
MÉRY.
Comte DU MONCEL et FRANCK GEVALDI.
MORTON, *Revue scientifique*, 10 octobre 1895.
PAULIN, *Illustration*, 1854.
Petit Journal, 25 août, 14 octobre, 29 octobre 1894.
Petit Marseillais, 10 février 1895.
Félix ROUBAUD, *Illustration*, 1859.
Société de Géographie, *Bulletin du 4e trimestre 1894*.
Georges VITAUX, *Petit Marseillais*, 10 février 1895.

FIGURES INTERCALÉES DANS LE TEXTE

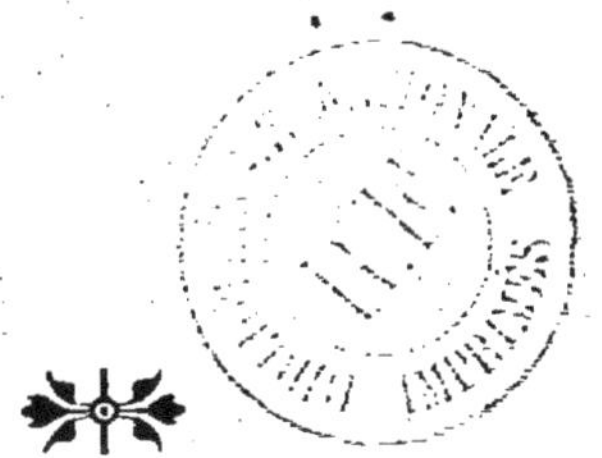

Voiron. - Imp. A. Mollaret.

ERRATA

Page 17, l. 10, lire *Felix*.
» 18, l. 14, » *courbe fermée*.
» 32, l. 36, » *électro-motrice ou tension*.
» 37, l. 37, » *Fig. 10*.
» 61, l. 5, » *acétylène*.

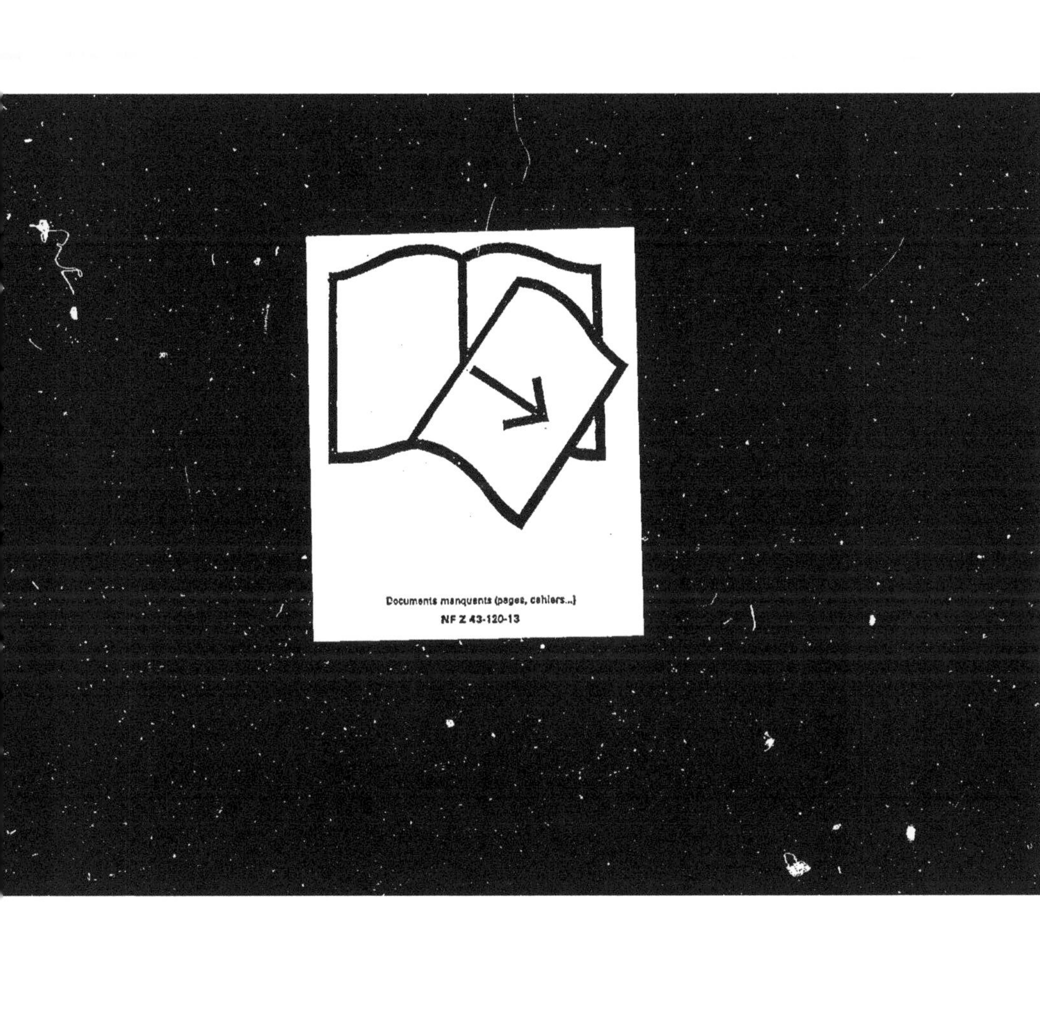
Documents manquants (pages, cahiers...)
NF Z 43-120-13

www.ingramcontent.com/pod-product-compliance
Ingram Content Group UK Ltd.
Pitfield, Milton Keynes, MK11 3LW, UK
UKHW012240240726
13966UKWH00003B/1202